Carlos Nogueira Souza Junior
Pedro H. S. Brancalion

Sementes & mudas

guia para propagação de árvores brasileiras

VOLUME 2

Copyright © 2023 Oficina de Textos

Grafia atualizada conforme o Acordo Ortográfico da Língua Portuguesa de 1990, em vigor no Brasil desde 2009.

Conselho editorial Aluízio Borém; Arthur Pinto Chaves; Cylon Gonçalves da Silva; Doris C. C. K. Kowaltowski; José Galizia Tundisi; Luis Enrique Sánchez; Paulo Helene; Rozely Ferreira dos Santos; Teresa Gallotti Florenzano

Capa e projeto gráfico Malu Vallim
Diagramação e preparação de figuras Victor Azevedo
Fotografia de detalhes morfológicos Gabriel Colleta
Preparação de textos Natália Pinheiro
Revisão de textos Anna Beatriz Fernandes
Revisão botânica Marcelo Pinho
Impressão e acabamento BMF gráfica e editora

Dados Internacionais de Catalogação na Publicação (CIP)
(Câmara Brasileira do Livro, SP, Brasil)

Souza Junior, Carlos Nogueira
Sementes e mudas : guia para propagação de árvores brasileiras : volume 2 / Carlos Nogueira Souza Junior, Pedro H. S. Brancalion. -- 1. ed. -- São Paulo, SP : Oficina de Textos, 2023.

ISBN 978-65-86235-91-3

1. Árvores - Brasil 2. Flora - Brasil 3. Mudas (Plantas) 4. Plantas (Botânica) 5. Sementes - Germinação I. Brancalion, Pedro H. S. II. Título.

23-152819   CDD-582.160981

Índices para catálogo sistemático:
1. Brasil : Árvores : Botânica 582.160981
Tábata Alves da Silva - Bibliotecária - CRB-8/9253

Todos os direitos reservados à **Editora Oficina de Textos**
Rua Cubatão, 798
CEP 04013-003 São Paulo SP
tel. (11) 3085-7933
www.ofitexto.com.br
atendimento@ofitexto.com.br

Agradeço a Deus pela oportunidade de conhecer pessoas que puderam contribuir neste livro.

Em especial à minha família, minha esposa, Karina, minhas filhas, Julia, Vitória e Alice, e meus pais, Carlos e Ruth.

Aos colaboradores e amigos do Viveiro Camará, em especial ao time de produção das espécies nativas, exemplo de dedicação e carinho com as plantas, e aos amigos Arnaldo Pereira e Prof. Lincoln Laudelizio Vituri, pesquisadores e desbravadores da flora brasileira.

Minha eterna gratidão ao amigo Prof. Pedro H. S. Brancalion, pesquisador incansável e exemplo de humildade; ser seu parceiro nesta obra me possibilitou a realização de mais um sonho.

Por fim, a todos os divinos seres que se esforçam em buscar o equilíbrio entre o homem e a natureza.

Carlos Nogueira Souza Junior

Ao Theo, com todo meu amor.

Ao meu amigo Nogueira, um verdadeiro ser de luz.

Pedro H. S. Brancalion

Reserva Ecológica de Tapira: preservação ambiental e cultivo de plantas medicinais

A Reserva Ecológica de Tapira foi estabelecida em 2015, em uma área de 91 hectares de cerrado muito conservado, na região da Serra da Canastra, no Estado de Minas Gerais. Essa reserva abriga uma amostra muito preciosa da rica biodiversidade do Cerrado brasileiro, com diversos tipos de vegetação e plantas únicas, de inestimável valor de conservação e com potencial de uso fitoterápico.

A fitoterapia com plantas do Cerrado, desenvolvida de forma pioneira pelo grande mestre Langerton Neves da Cunha, tem um enorme potencial de contribuir para o bem-estar humano e promover o uso sustentável da biodiversidade, mas ainda enfrenta importantes barreiras para ser desenvolvida de forma segura e eficiente. Na Reserva de Tapira, as plantas com potencial fitoterápico são identificadas por botânicos e têm sua localização precisamente determinada, de forma a garantir o conhecimento preciso das plantas utilizadas e a realização de pesquisas de longa duração.

Adicionalmente, são realizadas pesquisas sobre a produção de sementes e mudas das espécies de interesse, a partir de um cuidadoso trabalho científico, para desvendar os mistérios da propagação de plantas nativas do Cerrado. Desse modo, é possível disseminar o cultivo das espécies usadas em fitoterapia e adensar as populações naturais para promover um extrativismo mais sustentável, ajudando a natureza a repor o que é retirado para o preparo dos produtos.

Todas essas atividades são realizadas com forte envolvimento de moradores locais e desenvolvimento de atividades educacionais. É dessa forma, aliando conhecimento tradicional, uso sustentável da biodiversidade e prática da doutrina espírita, que a Reserva Ecológica de Tapira tem se destacado como um polo emergente de pesquisa e desenvolvimento da fitoterapia.

Toda a renda obtida pelos autores com a venda deste livro será revertida para a Reserva Ecológica de Tapira.

APRESENTAÇÃO

O segundo volume de *Sementes e mudas* é uma obra-prima. Falo isso com toda a sinceridade, pois estou envolvido na cadeia da restauração florestal há mais de 30 anos, e ver essa publicação concretizada, com essa qualidade, me deixa muito feliz, ainda mais tendo como autores dois grandes especialistas no tema e amigos do coração.

O livro detalha duas etapas importantíssimas da cadeia de restauração florestal, a coleta de sementes e a produção de mudas, e o faz para mais de 200 espécies nativas florestais. Para cada uma dessas espécies, os autores trazem diretrizes minuciosas de como coletar e beneficiar as sementes, como fazer a semeadura e a produção de mudas. Este livro se tornará a bíblia de qualquer produtor de mudas de espécies nativas que deseje informações confiáveis para ter sucesso na atividade.

Vale destacar que qualquer floresta remanescente terá indicadores ecológicos melhores que qualquer área em restauração florestal, reforçando que a prioridade deve ser a conservação das florestas que sobraram na paisagem. Infelizmente, ainda teremos de restaurar muitas áreas degradadas que permitam interligar essas florestas, além de prover serviços ecossistêmicos. Quem pratica a restauração florestal de qualidade sabe que o sucesso e a permanência das áreas em restauração dependem da introdução de um grande número de espécies nativas regionais, já que cada uma delas vai exercer uma função no processo de reconstrução da floresta, podendo apresentar complementariedade e redundância com outras espécies, mas certamente restabelecendo interações próprias com elas e com a fauna. Ou seja, para restaurar os processos que constroem e mantêm as florestas no tempo devemos usar o máximo possível de espécies nativas regionais típicas daquele ambiente degradado. Isso também permitirá trazer de volta a fauna que interage com a vegetação, como polinizadores e dispersores de sementes, o que é sempre a crítica válida acerca da restauração florestal que maneja apenas o componente vegetal no processo de reconstrução da floresta. E só conseguiremos utilizar grande número de espécies na restauração florestal se nos apropriarmos do conhecimento que este guia fornece, permitindo produzir sementes e mudas de qualidade de uma enorme riqueza de espécies nativas.

Sementes e mudas – volume 2, além de apresentar com profundidade as características de mais de 200 espécies florestais, na forma de texto e com fotos maravilhosas, traz ainda um conteúdo inicial sobre a morfologia e ecologia das espécies nativas que vai ajudar muito na capacitação técnica dos viveiristas, valorizando essa profissão tão nobre, mas ainda pouco valorizada.

Parabéns aos meus amigos pelo belíssimo livro, resultado de um trabalho árduo, de muitos anos coletando informações de todas as etapas da produção de sementes e mudas. Esta obra será grande contribuição para uma política pública urgentíssima no Brasil: a restauração florestal em larga escala e de qualidade, praticada de forma complementar e integrada com a conservação e a produção de alimentos. Teremos que restaurar milhões de hectares nas próximas décadas para benefício da natureza e da sociedade e, apropriando-se do conteúdo deste livro, tal processo vai ser muito mais fácil.

Ricardo Ribeiro Rodrigues

SUMÁRIO

COMO USAR ESTE LIVRO 8

ESTRUTURA MORFOLÓGICA 11

DESCRIÇÃO MORFOLÓGICA 12

INTRODUÇÃO 15

ESPÉCIES 35

ÍNDICE DE FAMÍLIAS 457

ÍNDICE DE ESPÉCIES
nome científico 459
nome popular 462

COMO USAR ESTE LIVRO

Nome científico

Escala

Foto da muda

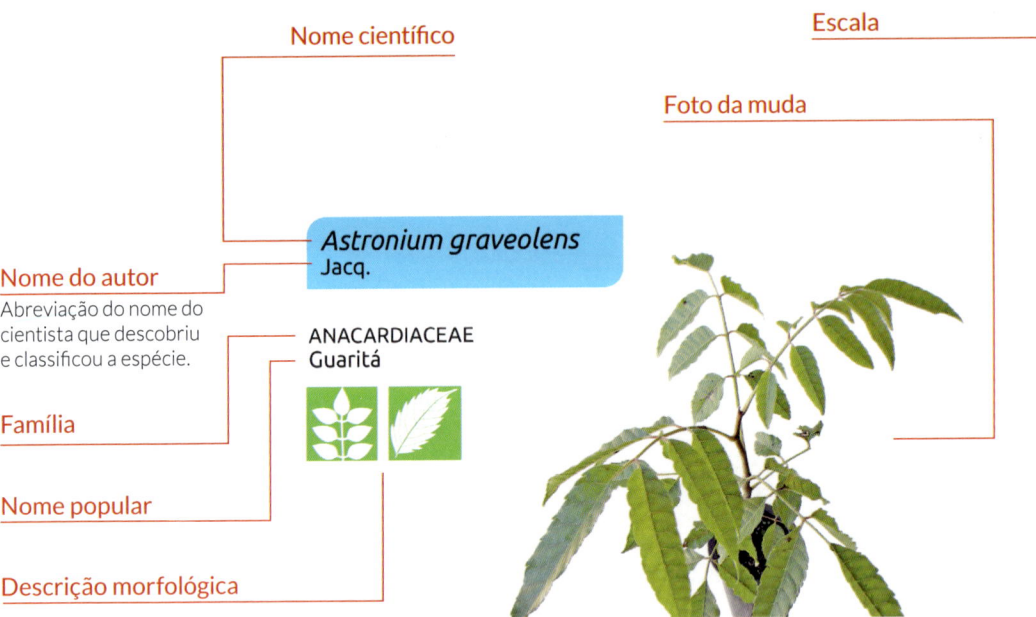

Astronium graveolens
Jacq.

Nome do autor
Abreviação do nome do cientista que descobriu e classificou a espécie.

ANACARDIACEAE
Guaritá

Família

Nome popular

Descrição morfológica

Produção

Produção de sementes e mudas

COLETA DE SEMENTES
Período: setembro a novembro.
Técnica: coleta dos frutos de coloração marrom-escura e já secos direto da árvore, com podão, quando outros frutos da árvore já tiverem começado a cair. Outra opção, mais recomendada, é forrar o chão ao redor da árvore com uma lona e balançar os galhos no horário mais quente do dia, desde que não esteja ventando, para que as sementes sejam recolhidas.
Altura média das matrizes: 10 a 15 m.

BENEFICIAMENTO
Técnica: secar os frutos ao sol e esfregá-los em peneira para remoção das asas.

Secagem: tolerante.
Armazenamento: > 1 ano.

SEMEADURA
Quebra de dormência: desnecessária.
Germinação esperada: 80% a 100%.
Tempo para emergência: < 15 dias.

PRODUÇÃO DE MUDAS
Tolerância à repicagem: alta.
Pragas e doenças: mancha nas folhas.
Tempo de produção: 3 a 4 meses; *altura:* 20 a 30 cm; *diâmetro do colo:* > 3 mm.

Fruto: seco indeiscente, alado, dispersão pelo vento.

Semente: ortodoxa, sem dormência, 34.330 sementes/kg.

44

Características de frutos

Características da semente

Faces das folhas

Face superior · Face inferior

Escala

DETALHES MORFOLÓGICOS

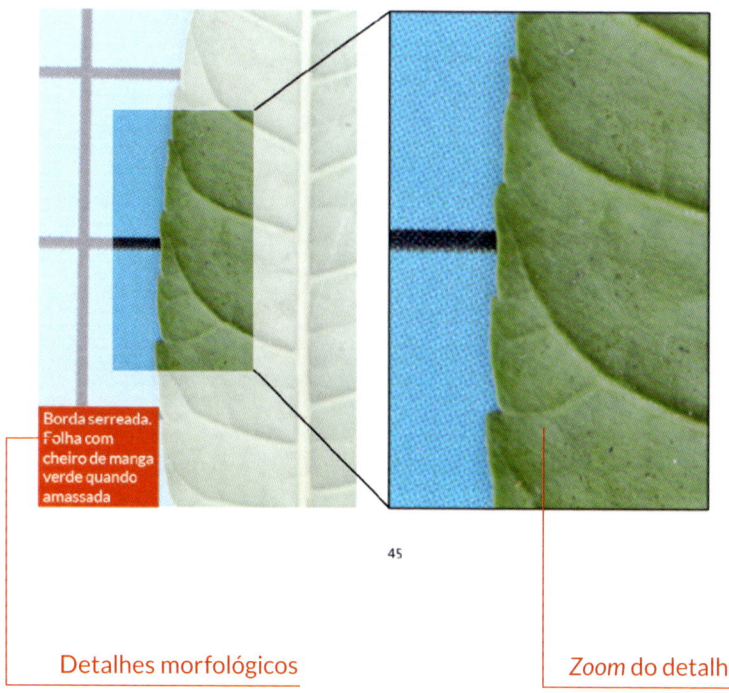

Borda serreada. Folha com cheiro de manga verde quando amassada

45

Detalhes morfológicos · *Zoom* do detalhe

ESTRUTURA MORFOLÓGICA BÁSICA DE FOLHAS SIMPLES E COMPOSTAS

Folha simples

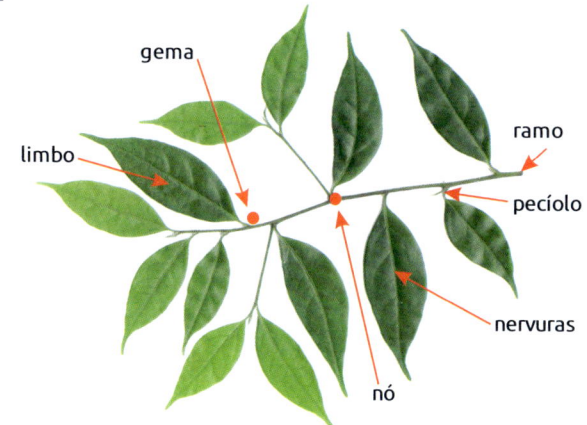

Folha composta

Folha recomposta

A folha é definida a partir do ponto de inserção da gema lateral.

DESCRIÇÃO MORFOLÓGICA

simples
limbo inteiro, sem subdivisões

recomposta
limbo subdividido em folíolos, e os folíolos, em foliólulos

simples
folha simples quando jovem, que se torna composta com o tempo

borda inteira
limbo sem reentrâncias

simples pinatisecta

borda recortada
limbo com reentrâncias, que podem se apresentar de várias formas

composta bifoliolada
limbo subdividido em dois folíolos

simples lobada
limbo inteiro, mas com reentrâncias

composta trifoliolada
limbo subdividido em três folíolos

alterna dística
apenas uma folha por nó e folhas dispostas no mesmo plano

composta pinada imparipinada
limbo subdividido em vários folíolos partindo de diferentes pontos, terminando em um folíolo

alterna espiralada
apenas uma folha por nó e folhas dispostas em diferentes planos

composta pinada paripinada
limbo subdividido em vários folíolos partindo de diferentes pontos, terminando em dois folíolos

oposta cruzada
o par de folhas dos nós é disposto em planos cruzados

composta digitada
limbo subdividido em mais de três folíolos, que partem do mesmo ponto

verticilada
mais de duas folhas inseridas por nó

glabra
folha lustrosa, sem tricomas (estruturas semelhantes a pequenos pelos)

trinervada
três nervuras principais que saem da base da folha

base assimétrica
a base do limbo do lado direito da folha tem forma diferente da base do lado esquerdo

domácias
estruturas pequenas na forma de cavidades ou tufos de pelos na face de baixo da folha, na junção das nervuras secundárias com a principal

base revoluta
voltada para a face de baixo da folha

glândula na base do limbo
protuberância localizada na base da folha, geralmente na junção das nervuras secundárias

nervura curvinérvea
nervuras principais se originam do mesmo ponto na base do limbo

estipelas
pequenas estípulas localizadas na base dos folíolos

pontuações brancas
pontos brancos que se destacam ao olhar a folha contra luz

glândula do pecíolo
protuberância localizada no pecíolo da folha

nervura marginal coletora
nervura que margeia as extremidades do limbo

glândula na raque
protuberância localizada na raque da folha

pilosa
folha recoberta por tricomas, que podem ser de vários tipos

raque alada
nervura central expandida lateralmente

nervura peniparalelinérvea
nervura principal evidente e secundárias longas e paralelas entre si

estípula interpeciolar
estrutura semelhante a pequenas folhas localizada entre os pecíolos de folhas opostas

estípula lateral
estrutura semelhante a pequenas folhas que protege as gemas laterais

estípula terminal
estrutura semelhante a pequenas folhas que protege a gema apical

ócrea
estrutura que envolve o caule acima ou abaixo da inserção da folha

com acúleos/espinhos
presença de acúleos/espinhos no caule, ramo e/ou folhas

com látex
secreção espessa e esbranquiçada, amarelada ou translúcida produzida ao danificar folhas e ramos

com lenticelas
presença de pontuações brancas no caule e em ramos

seção do ramo quadrangular
ramo quadrangular, com quatro vértices sensíveis ao toque

INTRODUÇÃO

O presente guia foi elaborado com base em mais de 30 anos de experiência prática na produção de sementes e mudas de espécies arbóreas nativas no viveiro Camará, localizado em Ibaté (SP), produtor de cerca de 2 milhões de mudas de espécies nativas por ano (Fig. I.1). Dessa forma, as recomendações aqui apresentadas refletem a vivência da produção de sementes e mudas nesse contexto, no qual se utiliza de um sistema tecnificado de manejo (Fig. I.2).

Fig. I.1 *Imagem aérea do viveiro Camará*

Consequentemente, variações das recomendações apresentadas podem ocorrer em função de diferenças: i) na estrutura de produção, por exemplo, quando se produzem mudas em sacolas plásticas ou há variações no sistema de irrigação; ii) no sistema de manejo, relacionado a aspectos do recipiente, substrato, adubação e espaçamento das mudas utilizados; iii) na localização geográfica do viveiro, que influencia a sazonalidade da produção de sementes, a velocidade de crescimento das mudas e a incidência de pragas e doenças em virtude de variações do regime climático.

Incluímos neste segundo volume espécies de distribuição mais ampla, abrangendo diferentes regiões e biomas brasileiros, como Mata Atlântica, Amazônia e Cerrado. A descrição das espécies está baseada em princípios gerais de produção de sementes e mudas que se aplicam às demais espécies arbóreas nativas ou mesmo exóticas, os quais podem ser adaptados com sucesso a espécies não descritas neste guia. Trata-se de princípios relacionados a aspectos mais amplos de Biologia Vegetal, fundamentados na Ecologia de Regeneração de espécies arbóreas em geral. Por exemplo, as recomendações de técnicas de beneficiamento de sementes são determinadas pelo tipo de fruto e pouco variam entre diferentes espécies que possuem o mesmo tipo de fruto, de forma

1ª fase: semeadura e transplante (duração aproximada: 60 dias)

Semeadura direta

Visão externa de estufa de semeadura | Semeadura direta em bandejas plásticas | Visão interna de estufa de semeadura | Plântulas recém-emergidas em bandejas

Semeadura indireta

Visão interna de estufa com canteiros | Semeadura indireta em canteiros com areia | Plântulas recém-emergidas em canteiros | Transplante de plântulas para bandejas

Plântulas prontas em bandejas para a fase de crescimento

2ª fase: crescimento (duração aproximada: 45 a 60 dias)

1. Transplante das plântulas das bandejas para tubetes

Fig. I.2 *Descrição das etapas do sistema de produção de mudas utilizado pelo viveiro Camará*

2. Crescimento a pleno sol, em bandejas suspensas e com mudas espaçadas

3. Fertirrigação usando barras

3ª fase: rustificação e expedição (duração aproximada: mínima de 15 dias e máxima de 120 dias)

1. Cultivo a pleno sol de mudas ocupando apenas 25% da área dos canteiros, já no porte ideal de expedição

2. Controle do tamanho e identificação dos lotes de mudas, expedidas em pacotes de uma única espécie ou em *mix* de várias espécies

Fig. I.2 *(continuação)*

que a identificação do tipo de fruto de uma determinada espécie não apresentada neste guia pode ser suficiente para que se apliquem as recomendações aqui expressas.

Busca-se ainda apresentar as características morfológicas das espécies e algumas dicas de reconhecimento de forma prática e simplificada, sem recorrer a termos técnicos de Botânica, em geral pouco amistosos a estudantes e profissionais que não atuam na área. No entanto, alguns desses termos técnicos tiveram de ser utilizados, dada a sua importância para o reconhecimento das espécies e a ausência de termos similares mais simples que pudessem ser usados como sinônimos. Dessa forma, não se deve utilizar este guia como instrumento de reconhecimento de espécies, o qual depende de informações morfológicas mais detalhadas e específicas para que possa ser realizado, demandando ramos reprodutivos (com flor e/ou fruto) para isso.

As recomendações expostas neste guia estão organizadas em seis categorias principais, as quais serão detalhadas para uma melhor compreensão das técnicas e materiais mencionados ao longo da descrição das espécies.

Características de frutos e sementes

As árvores nativas apresentam diferentes tipos de frutos, os quais são determinados ao longo da evolução das espécies pelo desenvolvimento de uma estratégia de dispersão de sementes (Fig. I.3). Considerando o processo de beneficiamento, os frutos se dividem essencialmente em *frutos carnosos* (revestidos por polpa suculenta que serve de alimento para os animais que promovem sua dispersão) e *frutos secos* (que não apresentam polpa ou possuem polpa seca, não carnosa, que também auxilia na dispersão). Por sua vez, os frutos secos são classificados em *deiscentes* (que se abrem sozinhos, liberando ou expondo as sementes ao meio) e *indeiscentes* (que não se abrem sozinhos, mantendo as sementes em seu interior).

Os frutos secos deiscentes podem possuir sementes: i) com asas (sementes aladas), plumas ou outras estruturas que favorecem a dispersão pelo vento (dispersão anemocórica); ii) com arilo, que é um tecido aderido à semente que serve de alimento para animais dispersores, como aves, morcegos, mamíferos terrestres e formigas (dispersão zoocórica); e iii) completamente lisas, sem nenhuma estrutura associada à dispersão por um agente externo, como o vento, a água ou animais, de forma que a dispersão ocorre apenas por meio da gravidade (dispersão autocórica), podendo os frutos se abrir de forma gradual ou explosiva, lançando as sementes para um pouco mais longe da planta matriz.

Os frutos secos indeiscentes podem: i) apresentar polpa seca, no geral farinácea, constituída por tecidos nutritivos que servem de alimento para animais dispersores (dispersão zoocórica); e ii) não apresentar polpa, mas sim asas ou outras estruturas morfológicas que permitam a dispersão pelo vento (dispersão anemocórica). A polpa seca pode revestir o fruto (polpa externa), fazendo com que o fruto inteiro seja ingerido ou manipulado por animais, ou estar localizada no interior do fruto (polpa interna),

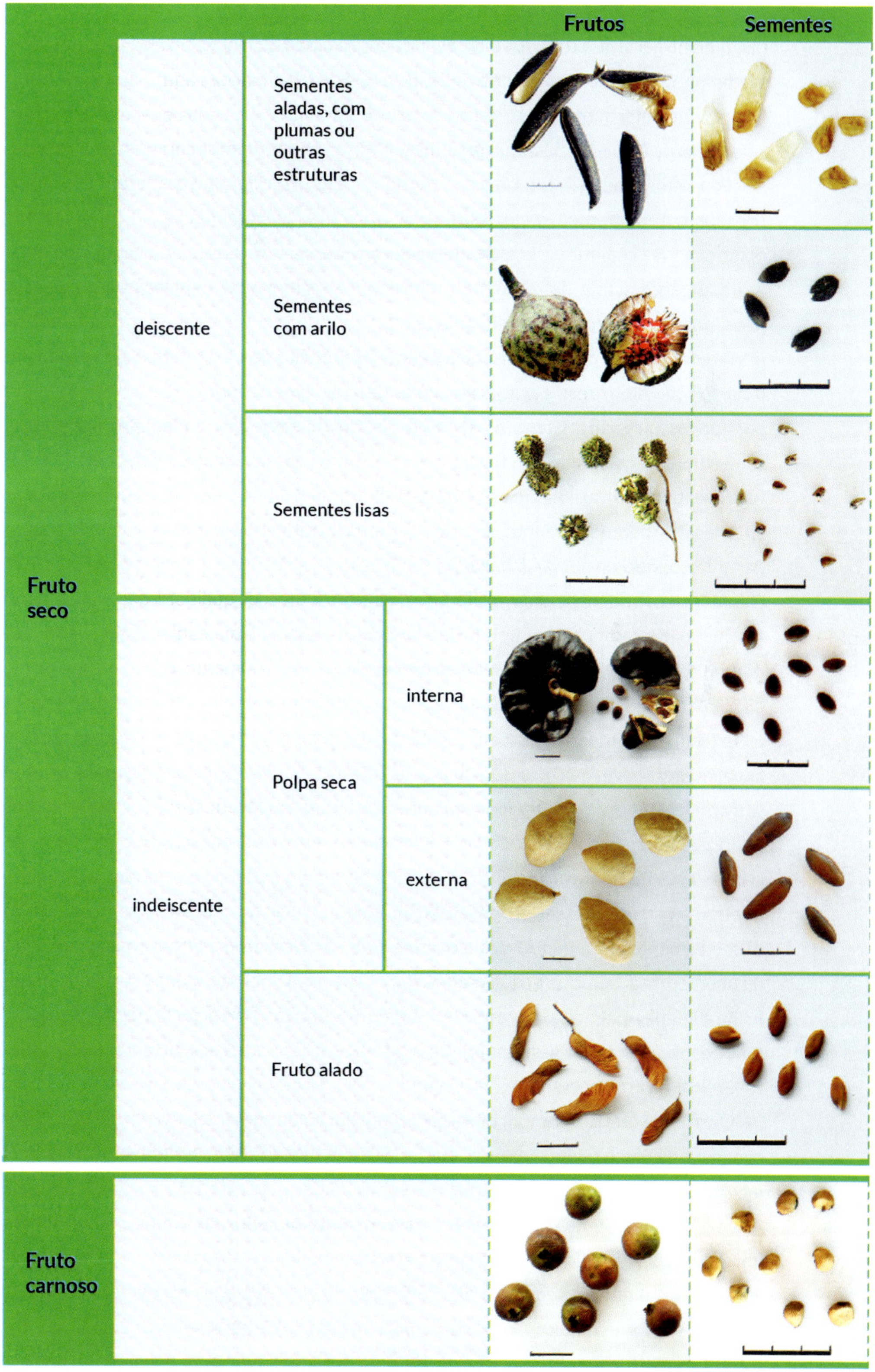

			Frutos	Sementes
Fruto seco	deiscente	Sementes aladas, com plumas ou outras estruturas		
		Sementes com arilo		
		Sementes lisas		
	indeiscente	Polpa seca — interna		
		Polpa seca — externa		
		Fruto alado		
Fruto carnoso				

Fig. I.3 *Classificação dos tipos principais de frutos encontrados em espécies arbóreas nativas em relação ao processo de beneficiamento*

exigindo no geral que o animal dispersor quebre a casca do fruto para que possa acessar sua polpa. Conforme será descrito adiante, o tipo de fruto e de semente são os principais fatores que determinam a estratégia de beneficiamento.

Além dos fatores relacionados à dispersão, as sementes também podem ser classificadas em relação à tolerância à perda de água, sendo agrupadas em três tipos principais: i) sementes recalcitrantes; ii) sementes intermediárias; e iii) sementes ortodoxas. As sementes recalcitrantes se caracterizam por possuir alto teor de água (normalmente acima de 40%), não tolerando a secagem ou exposição a ambientes frios, próximos do ponto de congelamento. Como não é possível armazenar sementes úmidas, que se deterioram rapidamente em função da elevada taxa de respiração ou pela ação de pragas e patógenos, esse tipo de semente não pode ser armazenado por longos períodos. Como as sementes recalcitrantes não podem ser secas, elas são sempre encontradas em frutos carnosos ou frutos secos deiscentes com sementes revestidas por arilo, que as protegem da perda d'água. Já as sementes ortodoxas apresentam comportamento oposto, caracterizando-se por possuir baixos teores de água quando dispersas (abaixo de 15%), tolerar a secagem e baixas temperaturas. Dessa forma, podem ser armazenadas com sucesso, por longos períodos, em ambientes com baixa temperatura e reduzida umidade relativa do ar. As sementes ortodoxas podem ser encontradas em qualquer tipo de fruto. Por sua vez, como o próprio nome diz, as sementes intermediárias apresentam comportamento fisiológico situado entre os extremos representados pelas sementes ortodoxas e recalcitrantes, com teor de água, no geral, entre 20% e 30%, o que as torna mais tolerantes à secagem e permite seu armazenamento por períodos maiores em comparação com as recalcitrantes, mas inferiores em relação às ortodoxas. É importante ressaltar que essas classificações são criadas pelo homem para facilitar o entendimento e o manejo das sementes, mas que dentro de cada um desses grupos existe grande variação de comportamento, havendo desde sementes altamente recalcitrantes, que não podem ser armazenadas por mais de uma semana, como as dos ingás, até sementes recalcitrantes menos sensíveis, como as de algumas palmeiras, que podem ser armazenadas por alguns meses. No geral, quanto mais rápida é a germinação da espécie com semente recalcitrante, mais vulnerável ela é ao armazenamento.

Outra característica importante para a produção de sementes é a dormência, que é conceituada como o fenômeno no qual um ou mais mecanismos de bloqueio restringem a germinação da semente. Esse bloqueio pode se dar pela restrição à entrada de água e gases no tegumento da semente, caracterizando uma dormência física (tegumento impermeável), ou pela presença de substâncias inibidoras da germinação (dormência fisiológica), na qual as sementes não germinam mesmo estando umedecidas. No geral, são necessários estímulos externos, como a incidência de luz em certos comprimentos de onda ou a alternância de temperatura, para que o balanço entre substâncias promotoras e inibidoras da germinação seja equilibrado.

Coleta de sementes

A coleta de sementes consiste em selecionar uma árvore produtora de sementes (matriz) e, ao tempo certo, coletar os frutos dessa matriz para obter as sementes a serem utilizadas na produção de mudas. O sucesso nessa atividade é determinado essencialmente pela i) localização das matrizes, ii) determinação do momento adequado para a coleta, iii) uso de equipamentos e técnicas adequados para coletar as sementes, e iv) devida proteção do coletor contra acidentes pessoais.

A localização das matrizes depende do conhecimento das populações das espécies de interesse na região em que ocorrerá a coleta. Uma atividade que facilita a localização dessas matrizes é sua marcação, que consiste no georreferenciamento do indivíduo, na colocação de uma placa de identificação e na anotação de dicas para encontrar o indivíduo (Fig. I.4). Dessa forma, é possível criar um banco de dados com essas informações e planejar as saídas de campo de forma mais criteriosa e organizada, estabelecendo rotas de coleta que resultarão na obtenção de uma quantidade maior de sementes, de mais espécies, de mais indivíduos de cada espécie e com menores custos de deslocamento.

Fig. I.4 *(A) Georreferenciamento de uma matriz e (B) placa de identificação*

O período adequado para a coleta de sementes é determinado pelo grau de maturidade dos frutos, devendo-se sempre coletar frutos já maduros ou o mais próximo possível da maturidade para que as sementes apresentem maior germinação e vigor. A forma pela qual o grau de maturidade dos frutos é determinado varia de acordo com o tipo de fruto e semente (Fig. I.5). Para frutos secos deiscentes com dispersão anemocórica ou autocórica, a coleta deve ser realizada quando os primeiros frutos da árvore começarem a se abrir, indicando que os outros frutos ainda fechados já estão perto de se abrirem também. Caso se coletem os frutos antes, as sementes podem não germinar bem por estarem ainda imaturas, ao passo que, se os frutos já estiverem abertos, as sementes provavelmente já terão sido liberadas no ambiente e o recolhimento das sementes no chão será inviável. O mesmo vale para os frutos secos deiscentes com sementes com arilo, que podem ter as sementes removidas por animais depois de os frutos já terem se aberto espontaneamente.

Fig. I.5 *Exemplos de características de frutos que auxiliam na identificação do ponto de maturação das sementes: (A) mudança de coloração; (B) mudança de consistência e odor; (C) início de abertura espontânea; e (D) início de desprendimento espontâneo da planta matriz*

A coleta de frutos secos indeiscentes com dispersão anemocórica deve ser realizada de forma similar à de frutos secos deiscentes com o mesmo tipo de dispersão, ou seja, quando as sementes começarem a se desprender espontaneamente da planta matriz. Já para os frutos secos indeiscentes com polpa seca, normalmente se espera que os frutos se desprendam espontaneamente da planta matriz para que sejam posteriormente recolhidos do chão. Isso se justifica em virtude de a maior parte das espécies com esse tipo de fruto ser dispersa por mamíferos terrestres, que se alimentam dos frutos depositados sob a copa da árvore. Dessa forma, a queda dos frutos indica que eles já estão maduros. No entanto, deve-se ter atenção para não recolher frutos já caídos há muito tempo, misturados no solo com os mais novos, pois as sementes podem ter sido atacadas por pragas e patógenos, já estando mortas.

A técnica de coleta de sementes é determinada pela dificuldade de acessar os frutos já maduros da espécie de interesse. Conforme já mencionado, a coleta pode ser realizada em alguns casos pelo simples recolhimento dos frutos do chão, técnica mais utilizada em espécies dispersas por mamíferos terrestres, podendo abranger tanto frutos carnosos como frutos indeiscentes com polpa seca. No entanto, para a maioria das espécies, é necessário remover os frutos diretamente da planta matriz, de alturas que variam de 2 m a mais de 30 m. No caso de árvores de sub-bosque ou pioneiras, que apresentam menor porte, a coleta pode ser realizada com uma tesoura de poda ou com um podão de pequeno porte. O podão consiste em uma vara, que pode ser de bambu, fibra de vidro, alumínio ou outros materiais, na qual se encaixa uma tesoura de poda alta em uma das extremidades, que é acionada pelo operador ao nível do solo por meio de uma corda. Para a maioria das árvores, é necessário dispor de um podão de maior porte, para que se acessem frutos localizados a cerca de 10 m de altura. No entanto, para árvores emergentes, que podem ultrapassar 30 m de altura, é preciso primeiramente escalar a árvore para que depois o coletor, já situado na copa da árvore, possa utilizar o podão para realizar a coleta (Fig. I.6). Em todos esses casos, é altamente recomendável que se forre o chão sob a copa da árvore com uma lona plástica ou tela sombreadora para facilitar o recolhimento dos frutos e/ou sementes derrubados com o uso do podão.

Fig. I.6 *Principais modalidades de coleta de sementes de árvores nativas*

Em todas as modalidades de coleta descritas, é essencial o uso de equipamentos de proteção para prevenir acidentes pessoais. Isso porque existem diversos riscos associados à atividade, como acidentes com animais peçonhentos (cobras, escorpiões, taturanas etc.), acidentes com plantas com espinhos, folhas urticantes e que podem causar crises alérgicas, e riscos de arranhões na pele e de perfuração nos olhos devido a extremidades pontiagudas, como ramos quebrados e espinhos. Para se proteger desses riscos, a equipe deve trajar sempre botinas com biqueira de aço ou botas de borracha para locais úmidos, capacetes, luvas de couro, perneiras, camiseta de manga longa e calça comprida. Quando a coleta é realizada com escalada, os riscos são evidentemente ainda maiores, justificando uma maior atenção na checagem dos equipamentos de proteção individual e de escalada (Fig. I.7). Por questões de segurança, a coleta de sementes deve ser sempre realizada pelo menos por duas pessoas, para que uma possa socorrer a outra no caso de acidentes.

Fig. I.7 *(A) Escalada com os devidos equipamentos de proteção individual e equipamentos de (B) rapel, (C) escalada e (D) coleta*

Beneficiamento e armazenamento de sementes

A técnica de beneficiamento de sementes será essencialmente determinada pelo tipo de fruto e semente, imitando-se os processos naturais de dispersão (Fig. I.8). Para os frutos secos deiscentes, a primeira etapa do beneficiamento consiste na abertura dos frutos para expor as sementes, para que sejam então extraídas dos frutos e processadas.

Fig. I.8 *Modalidades de beneficiamento associadas aos diferentes tipos de fruto e sementes*

		Abertura de frutos	Extração de sementes
Fruto seco	**indeiscente**	**Polpa interna** Manual por impacto ou com materiais cortantes	Extração manual ou com peneiras, com ou sem uso do vento
		Polpa externa Manual por impacto ou com materiais cortantes	Extração manual
		Frutos Alados Manualmente ou com batedor elétrico, apenas quando necessário	Extração manual ou com peneiras, com ou sem uso do vento
Fruto carnoso		Manualmente com materiais cortantes ou esfregando os frutos	Extração manual ou com peneiras, em água corrente

Fig. I.8 *(continuação)*

No caso de frutos secos com sementes lisas ou com estruturas que permitem a dispersão pelo vento, a abertura dos frutos é normalmente realizada pela secagem ao sol ou em estufa, com a devida proteção para que as sementes não se espalhem pela área, como pode ocorrer no caso de frutos com deiscência explosiva ou de sementes pequenas dispersas pelo vento. Uma vez que eles se encontrem abertos, as sementes podem ser extraídas esfregando-se os frutos em uma peneira, colocando-os em um saco e dando pancadas com um pedaço de madeira, ou simplesmente batendo-os contra a superfície para que as sementes se desprendam. Já para os frutos secos deiscentes com sementes com arilo, deve-se ter o cuidado de secar à sombra os frutos de espécies com sementes recalcitrantes, muito comuns nesse tipo de fruto. Após a abertura dos frutos, as sementes devem ser desprendidas manualmente deles e o arilo deve ser removido, de forma similar à remoção da polpa em frutos carnosos. A remoção tanto do arilo das sementes como da polpa dos frutos é normalmente realizada pela imersão em água por cerca de algumas horas para amolecer a polpa/arilo, seguida pelo esfregaço em peneira na presença de água corrente.

Para frutos secos indeiscentes com sementes aladas, pode não ser necessária qualquer ação de beneficiamento, uma vez que a maioria desses frutos pode ser diretamente semeada sem que a semente seja extraída, tal como ocorre na natureza. No entanto, pode ser conveniente remover as asas dos frutos com uma tesoura de poda ou friccionando os frutos uns nos outros em uma peneira e, assim, reduzir o volume do material a ser armazenado. No caso de frutos indeiscentes com polpa seca interna, os frutos devem ser quebrados para remover a polpa contendo as sementes, que posteriormente deverão ser extraídas usando-se os mesmos procedimentos adotados no caso de frutos carnosos e sementes com arilo. Já quando a polpa é externa, é comum a semeadura dos frutos inteiros ou a extração manual das sementes do interior dos frutos. Cabe ressaltar que, embora essas recomendações gerais possam ser utilizadas como ponto de partida para simplificar o beneficiamento de uma grande diversidade de espécies arbóreas nativas, cada espécie pode apresentar requerimentos específicos, como exemplificado para algumas espécies deste guia, devendo-se atentar para essas particularidades para tornar o processo mais eficiente.

Depois que as sementes ortodoxas e intermediárias já foram devidamente extraídas dos frutos e processadas, elas ainda podem ter que passar por um processo de secagem para que sejam armazenadas com segurança. Caso as sementes desses tipos sejam utilizadas para a semeadura logo após o beneficiamento, sem permanecer armazenadas, a secagem se faz desnecessária. Conforme já comentado, as sementes recalcitrantes são intolerantes à secagem, inviabilizando o seu armazenamento, ao passo que as sementes intermediárias são pouco tolerantes, devendo-se realizar a secagem em sombra para evitar a sua dessecação excessiva. No geral, a secagem de sementes é realizada em viveiros florestais pela sua exposição ao sol ou em estufa, podendo também ser feita em condições de sombra quando a umidade do ar está baixa, e a temperatura, elevada (Fig. I.9).

Fig. I.9 *Secagem de sementes florestais (A) ao sol e (B) à sombra*

Uma vez que as sementes já estão secas, elas podem ser mantidas em câmara de armazenamento até que sejam utilizadas no viveiro ou comercializadas. O método mais utilizado para espécies com sementes ortodoxas é a estocagem em câmara fria e seca, com temperatura média em torno de 12 °C e umidade relativa do ar próxima de 45% (Fig. I.10).

Fig. I.10 *Armazenamento de sementes em câmara fria e seca*

O tempo de armazenamento varia em função das condições em que as sementes são mantidas, das características biológicas da espécie e da qualidade inicial do lote de sementes. Em condições favoráveis de armazenamento e para lotes de sementes com qualidade inicial satisfatória, a viabilidade das sementes armazenadas é de algumas semanas a poucos meses para as recalcitrantes, ao passo que para sementes intermediárias esse período se estende para alguns meses e, para sementes ortodoxas, o tempo de armazenamento pode ser de vários anos. Recomenda-se a realização de testes de germinação periódicos para aferir a viabilidade das sementes armazenadas, devendo-se suspender o armazenamento e utilizar as sementes quando se começar a observar um declínio mais acentuado nas taxas de germinação.

Semeadura e transplante

A semeadura deve ser sempre realizada com sementes de boa qualidade fisiológica, de forma a uniformizar a germinação no tempo e garantir a produção do número desejado de plântulas para o processo posterior de produção de mudas. Nesse contexto, faz-se necessária a superação da dormência das sementes para que elas possam expressar seu máximo potencial fisiológico. A técnica utilizada para a superação da dormência varia em função do tipo de dormência apresentado – física ou fisiológica –, conforme já mencionado. A dormência física é superada pela escarificação do tegumento das sementes, podendo esta ser química, por imersão das sementes em solução de ácido sulfúrico por determinados períodos (método usado principalmente para sementes pequenas), ou mecânica, possível por meio da raspagem da semente em uma superfície áspera (lixa, esmeril, concreto etc.) para desgastar o tegumento ou pela realização de pequenos cortes na semente para permitir a entrada de água.

É comum também a imersão de sementes com tegumento impermeável em água fervendo, para que este se dilate e cause com isso microfissuras que permitirão a absorção de água pela semente (Fig. I.11). A dormência fisiológica é normalmente superada em espécies nativas por meio da imersão das sementes em uma solução com ácido giberélico, que acelera a germinação, mas, como não se dispõe de recomendações técnicas de concentração de ácido e tempo de imersão para a maioria das espécies nativas, costuma-se semear as sementes com dormência fisiológica sem qualquer tratamento e esperar um período superior até que a emergência de plântulas se inicie.

Fig. I.11 *Tipos de dormência e estratégias para sua superação*

Uma vez que a dormência já foi superada ou quando a espécie não possui sementes dormentes, passa-se à fase de semeadura. A semeadura pode ser feita diretamente no recipiente (preferida em lotes de sementes de boa qualidade fisiológica, já com a dormência superada e de espécies com sementes com tamanho pequeno a moderado) e de forma indireta, sendo primeiramente realizada em canteiros de areia grossa, denominados *berço* ou *alfobre*, para que as plântulas sejam posteriormente transplantadas para os recipientes definitivos de crescimento (Fig. I.12). A porcentagem de germinação esperada e o tempo para que a emergência de plântulas se inicie são altamente variáveis entre as espécies, mas também são fortemente influenciados pela qualidade do lote de sementes, eficiência na superação da dormência e condições de semeadura (disponibilidade de água e luz, aeração do substrato, ocorrência de pragas e doenças).

Semeadura em alfobre e transplante

Semeadura direta em recipientes

Fig. I.12 *Etapas da semeadura direta e indireta*

Após a emergência, as plântulas devem ser transferidas o mais rápido possível para os recipientes em que as mudas serão produzidas, de forma a minimizar o estresse do transplante. No entanto, mesmo que o transplante seja realizado na época correta, algumas espécies são muito prejudicadas por essa operação. Embora os mecanismos associados à tolerância ao transplante sejam ainda pouco conhecidos, observa-se na prática que as espécies de Cerrado e Cerradão são as mais sensíveis ao transplante de plântulas. Isso porque as plântulas dessas espécies tendem a apresentar rápido crescimento radicular, e mesmo plântulas bem pequenas e com poucas folhas podem apresentar raízes profundas. Em função disso, o transplante causa, invariavelmente, injúrias severas ao sistema radicular dessas espécies, fazendo com que tenham que ser semeadas diretamente no recipiente de produção ou, no caso de espécies com tolerância intermediária, que o transplante ocorra o mais cedo possível.

Pragas e doenças

Como os viveiros produtores de espécies nativas normalmente produzem várias espécies ao mesmo tempo, a densidade de mudas por espécie no viveiro tende a ser baixa, o que desfavorece o surgimento e a proliferação de pragas e doenças que comprometam a produção. No entanto, algumas espécies em particular são afetadas por pragas, como besouros desfolhadores, broca-do-caule, ácaros e pulgões, e outras são afetadas por doenças, como seca de ponteira, ferrugem e manchas foliares (Fig. I.13).

Muitos desses problemas podem ser resolvidos com mudanças no sistema de produção, tais como o aumento do espaçamento das mudas, a modificação da frequência e volume de irrigação, e a realocação do lote de mudas para um local com maior exposição ao sol. No entanto, pode ser necessário em alguns casos o uso de agrotóxicos para o controle de pragas e doenças, devendo-se consultar um engenheiro agrônomo ou florestal para que os produtos e técnicas de aplicação sejam escolhidos.

Qualidade das mudas para expedição

A obtenção de mudas com a qualidade necessária para a expedição e posterior plantio é determinada por diversos fatores associados ao sistema de produção, tais como o recipiente e substrato utilizados, a fertilização e irrigação, o espaçamento das mudas, o controle de pragas e doenças e o tempo de manutenção da muda no viveiro. Embora diferentes técnicas possam ser usadas na produção de mudas de espécies florestais nativas, dadas as restrições e oportunidades de cada caso, é consenso que essas diferentes técnicas devem convergir para a produção de mudas de qualidade. Embora o objetivo deste guia não seja detalhar as diversas técnicas envolvidas na produção de sementes e mudas de espécies florestais nativas e suas variáveis, julgou-se necessário estabelecer padrões de qualidade para as espécies apresentadas, de forma a subsidiar o sucesso no uso dessas mudas.

Mudas de qualidade são mais resistentes aos estresses do campo e, por isso, proporcionam maior sobrevivência e crescimento inicial após o plantio, trazendo grandes benefícios para o desenvolvimento da floresta implantada com essas mudas. No geral, mudas de qualidade devem apresentar: i) sistema radicular íntegro, bem agregado ao substrato e sem mutilações drásticas nas raízes principais; ii) ausência de pragas e doenças que comprometam a viabilidade da muda; iii) ausência de deficiências nutricionais, expressas normalmente na forma de folhas amareladas e com clorose nas margens e nervuras; iv) colo grosso e lignificado, que sustente a muda ereta após o plantio, sem necessidade de tutoramento; e v) altura da parte aérea proporcional ao tamanho do recipiente e ao volume do sistema radicular, com internódios curtos. Por sua vez, mudas de qualidade insatisfatória, resultantes de falhas no sistema de produção ou da manutenção no viveiro por um período muito longo, tendem a apresentar internódios mais compridos, colo mais fino e altura desproporcional ao tamanho do recipiente, fazendo com que as mudas fiquem "arcadas" após o plantio.

Uma forma simplificada de se definir a qualidade de mudas é por meio do diâmetro do colo e da altura. Esses dois indicadores, avaliados em conjunto, permitem estabelecer se a muda é "robusta" ou se está estiolada, com maior proporção de parte aérea em

Pragas

BROCA-DE-RAIZ
Larva de Diptera que se desenvolve nas raízes das mudas

BROCA-DO-PONTEIRO
Larva da mariposa *Hypsipyla grandella* Zeller na extremidade apical das mudas

PULGÃO
Inseto que suga a seiva das plantas (*Macrosiphum* spp.), geralmente em brotações

LAGARTA DESFOLHADORA
Ocorrência de lagarta desfolhadora deixando as bordas das folhas irregulares

BESOURO DESFOLHADOR
Besouros da família Chrysomelidae que deixam as folhas cheias de pequenos buracos e com as bordas comidas

Doenças

FERRUGEM
Doença causada pelo fungo *Puccinia psidii*, muito comum em espécies da família Myrtaceae

PODRIDÃO DAS RAÍZES
Fungos que causam a podridão de raízes (do lado esquerdo, raízes escuras e mortas, e, do lado direito, raízes sadias)

RAÍZES DOENTES   RAÍZES SADIAS

Fig. I.13 *Exemplos de pragas e doenças que atacam mudas de espécies arbóreas nativas em viveiros*

Doenças

TOMBAMENTO DE PLÂNTULAS
Principal doença de sementeira, é causada pelos fungos *Rhizoctonia solani*, *Pythium aphanidermatum*, *Phytophthora citrophthora*, *P. nicotianae* var. *parasitica* ou *Fusarium* spp.

SECA DO PONTEIRO
Morte da extremidade apical das mudas, causada por infecções

Manchas e danos nas folhas

Manchas escuras com pontuações brancas em ipê-branco (*Tabebuia roseoalba*), sintomas parecidos com cercosporiose

Manchas no caule e pecíolo

Manchas em ipê-amarelo (*Handroanthus* spp.) causadas pelo fungo *Apiosphaeria guaranitica* e em ipê-roxo (*Handroanthus* spp.) causadas pelo fungo *Ateromidium tabebuiae*

Incidência de oídio (*Oidium* spp.), doença com sintomas com as mesmas características ao aparecimento de mofo branco nas folhas

Fig. I.13 *(continuação)*

relação às raízes (Fig. I.14). Tais medidas devem ser compatíveis com as características de cada espécie e com o tamanho do recipiente. Os valores de referência apresentados neste guia são aplicados para mudas produzidas em tubetes de 290 cm³. Em condições adequadas de cultivo, esses valores são obtidos em um período de três a cinco meses, dependendo da espécie e da estação de crescimento (período frio ou quente, em regiões de clima estacional).

Fig. I.14 *Exemplos de mudas (A) dentro e (B) fora de padrões de qualidade, definidos com base no diâmetro de colo e altura das mudas*

Espécies

Carpotroche brasiliensis (Raddi) A. Gray.

ACHARIACEAE
Pau-de-cachimbo

Produção de sementes e mudas

COLETA DE SEMENTES
Período: agosto a setembro.
Técnica: coleta dos frutos de coloração marrom e ainda fechados direto da árvore, com podão, quando outros frutos da mesma árvore já tiverem começado a cair.
Altura média das matrizes: 10 a 15 m.

BENEFICIAMENTO
Técnica: secar os frutos à sombra, abri-los manualmente e esfregar as sementes em peneira sob água corrente para a remoção da polpa.
Secagem: intolerante.
Armazenamento: < 1 mês.

SEMEADURA
Quebra de dormência: desnecessária.
Germinação esperada: 60% a 80%.
Tempo para emergência: 30 a 60 dias.

PRODUÇÃO DE MUDAS
Tolerância à repicagem: alta.
Pragas e doenças: nada em particular.
Tempo de produção: 3 a 4 meses; *altura*: 15 a 30 cm; *diâmetro do colo*: > 4 mm.

Fruto: seco deiscente, expondo sementes com arilo, dispersão por animais.

Semente: recalcitrante, sem dormência, 1.500 sementes/kg.

Face superior

Face inferior

0　1　2　3 cm

DETALHES MORFOLÓGICOS

Caule escuro com lenticelas abundantes

Estípulas

Anacardium occidentale L.

ANACARDIACEAE
Caju

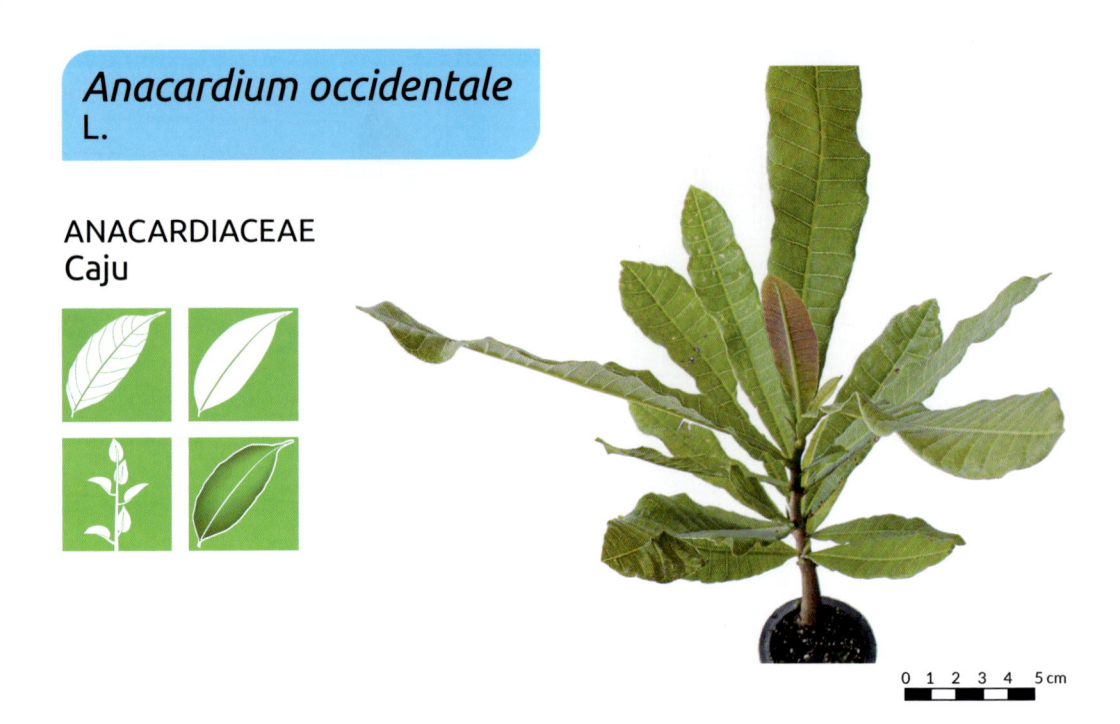

Produção de sementes e mudas

COLETA DE SEMENTES
Período: outubro a dezembro.
Técnica: coleta dos frutos de coloração amarela e vermelha direto da árvore, com podão, quando outros frutos da mesma árvore já tiverem começado a cair.
Altura média das matrizes: 4 a 6 m.

BENEFICIAMENTO
Técnica: remover manualmente as sementes.
Secagem: pouco tolerante.
Armazenamento: < 3 meses.

SEMEADURA
Quebra de dormência: desnecessária.
Germinação esperada: 80% a 90%.
Tempo para emergência: 15 a 30 dias.

PRODUÇÃO DE MUDAS
Tolerância à repicagem: média.
Pragas e doenças: nada em particular.
Tempo de produção: 3 a 4 meses; *altura*: 20 a 30 cm; *diâmetro do colo*: > 4 mm.

Fruto: seco indeiscente (a porção carnosa é um pseudofruto), dispersão por animais.

Semente: intermediária, sem dormência, 120 sementes/kg.

Face superior

Face inferior

0 1 2 3 cm

DETALHES MORFOLÓGICOS

Látex, engrossamento do pecíolo

Folhas novas avermelhadas

Astronium fraxinifolium Schott

ANACARDIACEAE
Gonçalo-alves

Produção de sementes e mudas

COLETA DE SEMENTES
Período: setembro a novembro.
Técnica: forrar o chão ao redor da árvore com uma lona e balançar os galhos no horário mais quente do dia, desde que não esteja ventando, para que as sementes caiam e sejam recolhidas.
Altura média das matrizes: 8 a 15 m.

BENEFICIAMENTO
Técnica: secar os frutos ao sol e esfregá-los em peneira para a remoção das asas.
Secagem: tolerante.
Armazenamento: > 1 ano.

SEMEADURA
Quebra de dormência: desnecessária.
Germinação esperada: 80% a 90%.
Tempo para emergência: < 15 dias.

PRODUÇÃO DE MUDAS
Tolerância à repicagem: alta.
Pragas e doenças: mancha nas folhas.
Tempo de produção: 3 a 4 meses; *altura*: 20 a 30 cm; *diâmetro do colo*: > 3 mm.

Fruto: seco indeiscente, alado, dispersão pelo vento.

Semente: ortodoxa, sem dormência, 34.800 sementes/kg.

Face superior Face inferior

0 1 2 3 cm

DETALHES MORFOLÓGICOS

Látex translúcido, com forte cheiro de manga verde

Brotações arroxeadas

Schinopsis brasiliensis
Engl.

ANACARDIACEAE
Braúna

Produção de sementes e mudas

COLETA DE SEMENTES
Período: novembro a janeiro.
Técnica: coleta dos frutos de coloração marrom direto da árvore, com podão, quando outros frutos da mesma árvore já tiverem começado a cair.
Altura média das matrizes: 5 a 8 m.

BENEFICIAMENTO
Técnica: secar os frutos ao sol e remover as suas asas esfregando-os em peneira.
Secagem: tolerante.
Armazenamento: < 6 meses.

SEMEADURA
Quebra de dormência: desnecessária.
Germinação esperada: 60% a 80%.
Tempo para emergência: 15 a 30 dias.

PRODUÇÃO DE MUDAS
Tolerância à repicagem: alta.
Pragas e doenças: nada em particular.
Tempo de produção: 3 a 4 meses; *altura*: 20 a 30 cm; *diâmetro do colo*: > 4 mm.

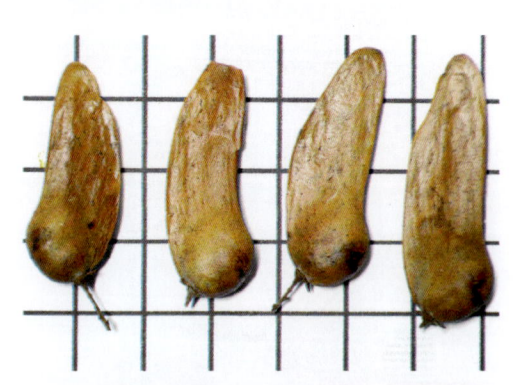

Fruto: seco indeiscente, alado, dispersão pelo vento.

Semente: ortodoxa, sem dormência, 5.700 sementes/kg.

Face superiorFace inferior

0   1   2   3 cm

DETALHES MORFOLÓGICOS

Borda dentada na metade superior dos folíolos

Estípula

Schinus molle
L.

ANACARDIACEAE
Aroeira-salsa

Produção de sementes e mudas

COLETA DE SEMENTES
Período: outubro a dezembro.
Técnica: coleta dos frutos de coloração marrom direto da árvore, com podão.
Altura média das matrizes: 5 a 8 m.

BENEFICIAMENTO
Técnica: esfregar os frutos em peneira sob água corrente para a remoção da polpa e separação das sementes.
Secagem: tolerante.
Armazenamento: > 1 ano.

SEMEADURA
Quebra de dormência: desnecessária.
Germinação esperada: 60% a 80%.
Tempo para emergência: < 15 dias.

PRODUÇÃO DE MUDAS
Tolerância à repicagem: alta.
Pragas e doenças: nada em particular.
Tempo de produção: 3 a 4 meses; *altura*: 20 a 30 cm; *diâmetro do colo*: > 4 mm.

Fruto: carnoso, dispersão por animais.

Semente: ortodoxa, sem dormência, 76.000 sementes/kg.

Face superior | Face inferior

0   1   2   3 cm

DETALHES MORFOLÓGICOS

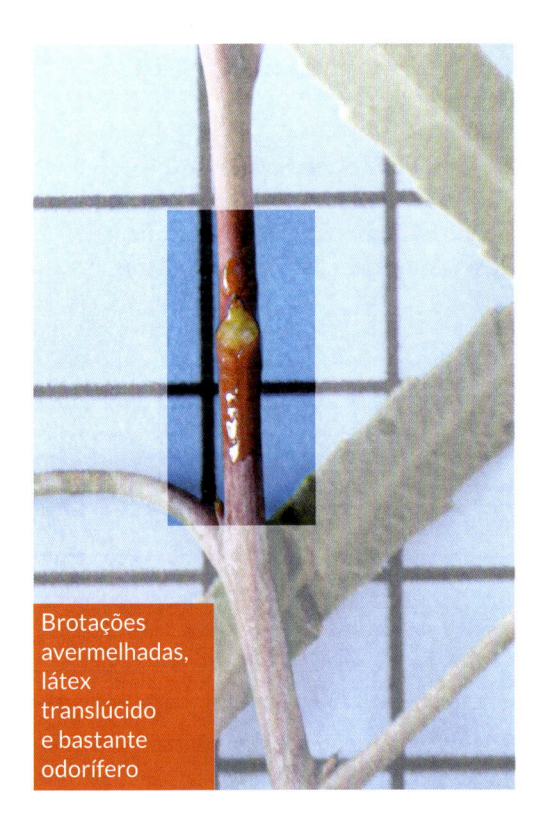

Brotações avermelhadas, látex translúcido e bastante odorífero

Raque alada

Spondias tuberosa
Arruda

ANACARDIACEAE
Umbu

Produção de sementes e mudas

COLETA DE SEMENTES
Período: janeiro a março.
Técnica: coleta dos frutos de coloração verde-amarelada do chão ou direto da árvore, com podão.
Altura média das matrizes: 5 a 10 m.

BENEFICIAMENTO
Técnica: esfregar os frutos em peneira sob água corrente para a remoção da polpa e separação das sementes.
Secagem: tolerante.
Armazenamento: < 6 meses.

SEMEADURA
Quebra de dormência: escarificação mecânica em esmeril.
Germinação esperada: 60% a 80%.
Tempo para emergência: 15 a 30 dias.

PRODUÇÃO DE MUDAS
Tolerância à repicagem: alta.
Pragas e doenças: nada em particular.
Tempo de produção: 3 a 4 meses; *altura*: 20 a 30 cm; *diâmetro do colo*: > 3 mm.

Fruto: carnoso, dispersão por animais.

Semente: intermediária, dormência fisiológica, 490 sementes/kg.

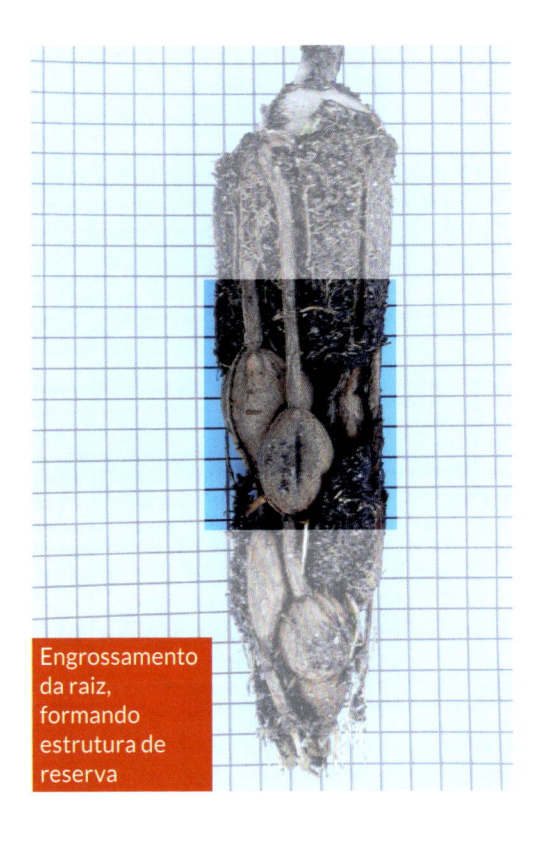

Face superior   Face inferior

0   1   2   3 cm

DETALHES MORFOLÓGICOS

Engrossamento da raiz, formando estrutura de reserva

Borda serreada

Tapirira obtusa
(Benth.) J.D. Mitch

ANACARDIACEAE
Pau-pombo

Produção de sementes e mudas

COLETA DE SEMENTES
Período: fevereiro a abril.
Técnica: coleta dos frutos de coloração roxa direto da árvore, com podão.
Altura média das matrizes: 5 a 10 m.

BENEFICIAMENTO
Técnica: esfregar os frutos em peneira sob água corrente para a remoção da polpa e separação das sementes.
Secagem: intolerante.
Armazenamento: < 1 semana.

SEMEADURA
Quebra de dormência: desnecessária.
Germinação esperada: 80% a 90%.
Tempo para emergência: < 15 dias.

PRODUÇÃO DE MUDAS
Tolerância à repicagem: alta.
Pragas e doenças: nada em particular.
Tempo de produção: 3 a 4 meses; *altura*: 20 a 30 cm; *diâmetro do colo*: > 3 mm.

Fruto: carnoso, dispersão por animais.

Semente: recalcitrante, sem dormência, 11.000 sementes/kg.

Face superior

Face inferior

0 1 2 3 cm

DETALHES MORFOLÓGICOS

Brotações arroxeadas

Folíolo terminal voltado para cima

Annona coriacea Mart.

ANNONACEAE
Araticum-liso

Produção de sementes e mudas

COLETA DE SEMENTES
Período: novembro a janeiro.
Técnica: coleta dos frutos de coloração amarela, consistência já mole e odor intenso direto da árvore, com podão.
Altura média das matrizes: 4 a 8 m.

BENEFICIAMENTO
Técnica: esfregar os frutos em peneira sob água corrente para a remoção da polpa e separação das sementes.
Secagem: pouco tolerante.
Armazenamento: < 3 meses.

SEMEADURA
Quebra de dormência: imersão em solução de ácido giberélico na concentração de 1.000 mg/L por 48 horas.
Germinação esperada: 60% a 80%.
Tempo para emergência: 60 a 90 dias.

PRODUÇÃO DE MUDAS
Tolerância à repicagem: média.
Pragas e doenças: nada em particular.
Tempo de produção: 3 a 4 meses; *altura*: 15 a 20 cm; *diâmetro do colo*: > 4 mm.

Fruto: carnoso, dispersão por animais.

Semente: intermediária, dormência fisiológica, 2.190 sementes/kg.

Face superior

Face inferior

0　1　2　3 cm

DETALHES MORFOLÓGICOS

Nervura central saliente

Pilosidade ferrugínea em folhas novas

Annona crassiflora Mart.

ANNONACEAE
Araticum-do-cerrado

Produção de sementes e mudas

COLETA DE SEMENTES
Período: fevereiro a abril.
Técnica: coleta dos frutos de coloração marrom direto da árvore, com podão, quando outros frutos da mesma árvore já tiverem começado a cair.
Altura média das matrizes: 5 a 10 m.

BENEFICIAMENTO
Técnica: remover manualmente a polpa que envolve as sementes.
Secagem: pouco tolerante.
Armazenamento: < 3 meses.

SEMEADURA
Quebra de dormência: imersão em solução de ácido giberélico na concentração de 1.000 mg/L por 48 horas.
Germinação esperada: < 50%.
Tempo para emergência: 60 a 90 dias.

PRODUÇÃO DE MUDAS
Tolerância à repicagem: média.
Pragas e doenças: nada em particular.
Tempo de produção: 4 a 5 meses; *altura*: 15 a 20 cm; *diâmetro do colo*: > 3 mm.

Fruto: carnoso, dispersão por animais.

Semente: intermediária, dormência fisiológica, 1.500 sementes/kg.

Face superior   Face inferior

0   1   2   3 cm

DETALHES MORFOLÓGICOS

Caule estriado

Nervura central amarela e saliente

Annona montana
Macfad.

ANNONACEAE
Guanabana

Produção de sementes e mudas

COLETA DE SEMENTES
Período: novembro a janeiro.
Técnica: coleta dos frutos de coloração amarela, consistência já mole e odor intenso direto da árvore, com podão.
Altura média das matrizes: 8 a 12 m.

BENEFICIAMENTO
Técnica: esfregar os frutos em peneira sob água corrente para a remoção da polpa e separação das sementes.
Secagem: pouco tolerante.
Armazenamento: < 3 meses.

SEMEADURA
Quebra de dormência: desnecessária.
Germinação esperada: 60% a 80%.
Tempo para emergência: 30 a 60 dias.

PRODUÇÃO DE MUDAS
Tolerância à repicagem: média.
Pragas e doenças: nada em particular.
Tempo de produção: 3 a 4 meses; *altura*: 20 a 30 cm; *diâmetro do colo*: > 4 mm.

Fruto: carnoso, dispersão por animais.

Semente: intermediária, sem dormência, 3.150 sementes/kg.

Face superior

Face inferior

0　1　2　3 cm

DETALHES MORFOLÓGICOS

Caule marmorizado

Folhas discolores, com nervura central saliente

Annona sylvatica
A. St.-Hil.

ANNONACEAE
Araticum-do-mato

Produção de sementes e mudas

COLETA DE SEMENTES
Período: dezembro a fevereiro.
Técnica: coleta dos frutos de coloração amarela direto da árvore, com podão, quando outros frutos da mesma árvore já tiverem começado a cair.
Altura média das matrizes: 10 a 15 m.

BENEFICIAMENTO
Técnica: esfregar os frutos em peneira sob água corrente para a remoção da polpa e separação das sementes.
Secagem: pouco tolerante.
Armazenamento: < 3 meses.

SEMEADURA
Quebra de dormência: imersão em solução de ácido giberélico na concentração de 1.000 mg/L por 48 horas.
Germinação esperada: 40% a 60%.
Tempo para emergência: 60 a 90 dias.

PRODUÇÃO DE MUDAS
Tolerância à repicagem: média.
Pragas e doenças: nada em particular.
Tempo de produção: 3 a 4 meses; *altura*: 15 a 30 cm; *diâmetro do colo*: > 4 mm.

Fruto: carnoso, dispersão por animais.

Semente: intermediária, dormência fisiológica, 2.500 sementes/kg.

Face superior — Face inferior

0 1 2 3 cm

DETALHES MORFOLÓGICOS

Pilosidade branca no caule

Lenticelas abundantes, gemas recobertas por pilosidade branca

Xylopia emarginata Mart.

ANNONACEAE
Pindaíba-d'água

Produção de sementes e mudas

COLETA DE SEMENTES
Período: setembro a novembro.
Técnica: coleta dos frutos de coloração amarela e ainda fechados direto da árvore, com podão, quando outros frutos da mesma árvore já tiverem começado a se abrir.
Altura média das matrizes: 8 a 12 m.

BENEFICIAMENTO
Técnica: secar os frutos à sombra até se abrirem de forma espontânea, separar as sementes manualmente e esfregá-las em peneira sob água corrente para a remoção do arilo.

Secagem: pouco tolerante.
Armazenamento: < 3 meses.

SEMEADURA
Quebra de dormência: desnecessária.
Germinação esperada: 20% a 40%.
Tempo para emergência: 60 a 90 dias.

PRODUÇÃO DE MUDAS
Tolerância à repicagem: baixa.
Pragas e doenças: nada em particular.
Tempo de produção: 4 a 5 meses; *altura*: 15 a 30 cm; *diâmetro do colo*: > 3 mm.

Fruto: seco deiscente, expondo sementes com arilo, dispersão por animais.

Semente: intermediária, sem dormência, 16.000 sementes/kg.

Face superior   Face inferior

0   1   2   3 cm

DETALHES MORFOLÓGICOS

Nervura central saliente, pilosidade em brotações

Folhas dispostas num mesmo plano

Aspidosperma riedelii subsp. *oliganthum* (Woodson) Marc.-Ferr.

APOCYNACEAE
Guatambuzinho

Produção de sementes e mudas

COLETA DE SEMENTES
Período: abril a junho.
Técnica: coleta dos frutos de coloração verde-escura direto da árvore, com podão, quando outros frutos da mesma árvore já tiverem começado a se abrir.
Altura média das matrizes: 5 a 8 m.

BENEFICIAMENTO
Técnica: secar os frutos ao sol até a abertura espontânea e liberação das sementes, para posterior separação manual com auxílio de peneira.

Secagem: tolerante.
Armazenamento: < 1 ano.

SEMEADURA
Quebra de dormência: desnecessária.
Germinação esperada: 50% a 60%.
Tempo para emergência: < 15 dias.

PRODUÇÃO DE MUDAS
Tolerância à repicagem: média.
Pragas e doenças: nada em particular.
Tempo de produção: 6 a 8 meses; *altura*: 15 a 25 cm; *diâmetro do colo*: > 4 mm.

Fruto: seco deiscente, liberando sementes aladas, dispersão pelo vento.

Semente: ortodoxa, sem dormência, 8.500 sementes/kg.

Face superior

Face inferior

0 1 2 3 cm

DETALHES MORFOLÓGICOS

Látex

Folhas pequenas, em formato de gota

Aspidosperma subincanum Mart.

APOCYNACEAE
Guatambu-vermelho

Produção de sementes e mudas

COLETA DE SEMENTES
Período: julho a setembro.
Técnica: coleta dos frutos de coloração marrom direto da árvore, com podão, quando outros frutos da mesma árvore já tiverem começado a se abrir.
Altura média das matrizes: 5 a 10 m.

BENEFICIAMENTO
Técnica: secar os frutos ao sol até a abertura espontânea e liberação das sementes, para posterior separação manual com auxílio de peneira.
Secagem: tolerante.
Armazenamento: < 1 ano.

SEMEADURA
Quebra de dormência: desnecessária.
Germinação esperada: 60% a 80%.
Tempo para emergência: < 15 dias.

PRODUÇÃO DE MUDAS
Tolerância à repicagem: média.
Pragas e doenças: nada em particular.
Tempo de produção: 5 a 6 meses; *altura*: 15 a 25 cm; *diâmetro do colo*: > 4 mm.

Fruto: seco deiscente, liberando sementes aladas, dispersão pelo vento.

Semente: ortodoxa, sem dormência, 4.000 sementes/kg.

Face superior

Face inferior

0 1 2 3 cm

DETALHES MORFOLÓGICOS

Caule verde escuro e liso, com lenticelas abundantes

Folhas discolores, com nervuras amarelas salientes

Aspidosperma tomentosum Mart.

APOCYNACEAE
Guatambu-do-cerrado

Produção de sementes e mudas

COLETA DE SEMENTES
Período: julho a setembro.
Técnica: coleta dos frutos de coloração marrom direto da árvore, com podão, quando outros frutos da mesma árvore já tiverem começado a se abrir.
Altura média das matrizes: 4 a 6 m.

BENEFICIAMENTO
Técnica: secar os frutos ao sol até a abertura espontânea e liberação das sementes, para posterior separação manual com auxílio de peneira.
Secagem: tolerante.
Armazenamento: < 1 ano.

SEMEADURA
Quebra de dormência: desnecessária.
Germinação esperada: 60% a 80%.
Tempo para emergência: < 15 dias.

PRODUÇÃO DE MUDAS
Tolerância à repicagem: média.
Pragas e doenças: nada em particular.
Tempo de produção: 6 a 8 meses; *altura*: 15 a 25 cm; *diâmetro do colo*: > 4 mm.

Fruto: seco deiscente, liberando sementes aladas, dispersão pelo vento.

Semente: ortodoxa, sem dormência, 2.100 sementes/kg.

Face superior

Face inferior

0 1 2 3 cm

DETALHES MORFOLÓGICOS

Folhas discolores, concentradas no ápice do caule

Nervuras salientes, com látex abundante

Hancornia speciosa Gomes

APOCYNACEAE
Mangaba

Produção de sementes e mudas

COLETA DE SEMENTES
Período: outubro a dezembro.
Técnica: coleta dos frutos de coloração verde-amarelada direto da árvore, com podão, quando outros frutos da mesma árvore já tiverem começado a cair.
Altura média das matrizes: 5 a 8 m.

BENEFICIAMENTO
Técnica: esfregar os frutos em peneira sob água corrente para a remoção da polpa e separação das sementes.

Secagem: intolerante.
Armazenamento: < 1 semana.

SEMEADURA
Quebra de dormência: desnecessária.
Germinação esperada: 40% a 60%.
Tempo para emergência: 15 a 20 dias.

PRODUÇÃO DE MUDAS
Tolerância à repicagem: baixa.
Pragas e doenças: nada em particular.
Tempo de produção: 4 a 5 meses; *altura*: 15 a 20 cm; *diâmetro do colo*: > 3 mm.

Fruto: carnoso, dispersão por animais.

Semente: recalcitrante, sem dormência, 4.090 sementes/kg.

Face superior · Face inferior

0 1 2 3 cm

DETALHES MORFOLÓGICOS

Látex

Nervuras secundárias perpendiculares à nervura central

Himatanthus drasticus obovatus (Müll. Arg.) Woodson

APOCYNACEAE
Leiteiro-do-cerrado

Produção de sementes e mudas

COLETA DE SEMENTES
Período: julho a setembro.
Técnica: coleta dos frutos de coloração marrom direto da árvore, com podão, quando outros frutos da mesma árvore já tiverem começado a se abrir.
Altura média das matrizes: 4 a 6 m.

BENEFICIAMENTO
Técnica: secar os frutos ao sol até a abertura espontânea e liberação das sementes, para posterior separação manual com auxílio de peneira.

Secagem: tolerante.
Armazenamento: < 1 ano.

SEMEADURA
Quebra de dormência: desnecessária.
Germinação esperada: 60% a 80%.
Tempo para emergência: < 15 dias.

PRODUÇÃO DE MUDAS
Tolerância à repicagem: média.
Pragas e doenças: nada em particular.
Tempo de produção: 4 a 5 meses; *altura*: 15 a 25 cm; *diâmetro do colo*: > 4 mm.

Fruto: seco deiscente, liberando sementes aladas, dispersão pelo vento.

Semente: ortodoxa, sem dormência, 180.000 sementes/kg.

Face superior

Face inferior

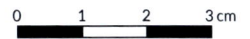

0 1 2 3 cm

DETALHES MORFOLÓGICOS

Látex

Nervura central saliente

Ilex dumosa Reissek

AQUIFOLIACEAE
Congonha-miúda

Produção de sementes e mudas

COLETA DE SEMENTES
Período: outubro a novembro.
Técnica: coleta dos frutos de coloração preta direto da árvore, com podão.
Altura média das matrizes: 5 a 8 m.

BENEFICIAMENTO
Técnica: esfregar os frutos em peneira sob água corrente para a remoção da polpa e separação das sementes.
Secagem: tolerante.
Armazenamento: < 6 meses.

SEMEADURA
Quebra de dormência: desnecessária.
Germinação esperada: 60% a 80%.
Tempo para emergência: 15 a 30 dias.

PRODUÇÃO DE MUDAS
Tolerância à repicagem: alta.
Pragas e doenças: nada em particular.
Tempo de produção: 4 a 5 meses; *altura*: 20 a 30 cm; *diâmetro do colo*: > 3 mm.

Fruto: carnoso, dispersão por animais.

Semente: ortodoxa, sem dormência, 1.060.000 sementes/kg.

Face superior   Face inferior

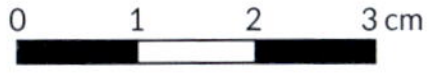

0 1 2 3 cm

DETALHES MORFOLÓGICOS

Caule arroxeado

Bordo serreado

Didymopanax macrocarpus (Cham. & Schltdl.) Seem

ARALIACEAE
Mandioqueiro-do-campo

Produção de sementes e mudas

COLETA DE SEMENTES
Período: setembro a novembro.
Técnica: coleta dos frutos de coloração roxa direto da árvore, com podão.
Altura média das matrizes: 8 a 12 m.

BENEFICIAMENTO
Técnica: esfregar os frutos em peneira sob água corrente para a remoção da polpa e separação das sementes.
Secagem: tolerante.
Armazenamento: < 6 meses.

SEMEADURA
Quebra de dormência: desnecessária.
Germinação esperada: 40% a 60%.
Tempo para emergência: 15 a 45 dias.

PRODUÇÃO DE MUDAS
Tolerância à repicagem: média.
Pragas e doenças: nada em particular.
Tempo de produção: 4 a 5 meses; *altura*: 15 a 20 cm; *diâmetro do colo*: > 3 mm.

Fruto: carnoso, dispersão por animais.

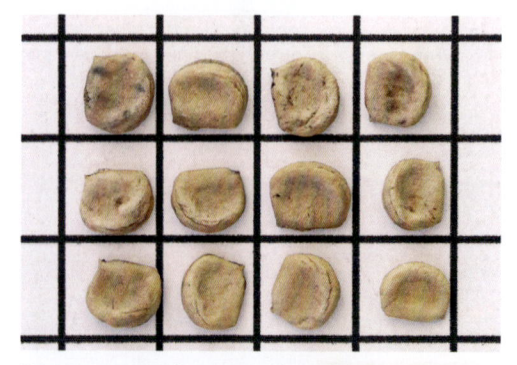

Semente: ortodoxa, sem dormência, 14.500 sementes/kg.

Face superior   Face inferior

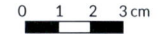

0 1 2 3 cm

DETALHES MORFOLÓGICOS

Folhas digitadas, com folíolos mais largos

Brotações douradas

Didymopanax vinosus (Cham. & Schltdl.) Marchal

ARALIACEAE
Mandioqueiro-do-cerrado

Produção de sementes e mudas

COLETA DE SEMENTES
Período: setembro a novembro.
Técnica: coleta dos frutos de coloração roxa direto da árvore, com podão.
Altura média das matrizes: 4 a 5 m.

BENEFICIAMENTO
Técnica: esfregar os frutos em peneira sob água corrente para a remoção da polpa e separação das sementes.
Secagem: tolerante.
Armazenamento: < 6 meses.

SEMEADURA
Quebra de dormência: desnecessária.
Germinação esperada: 40% a 60%.
Tempo para emergência: 30 a 60 dias.

PRODUÇÃO DE MUDAS
Tolerância à repicagem: média.
Pragas e doenças: nada em particular.
Tempo de produção: 4 a 5 meses; *altura*: 15 a 20 cm; *diâmetro do colo*: > 2 mm.

Fruto: carnoso, dispersão por animais.

Semente: ortodoxa, sem dormência, 75.000 sementes/kg.

Face superior · Face inferior

0 1 2 3 cm

DETALHES MORFOLÓGICOS

Folhas digitadas, com folíolos mais estreitos

Brotações ferrugíneas

Euterpe oleracea Mart.

ARECACEAE
Açaí

Produção de sementes e mudas

COLETA DE SEMENTES
Período: agosto a outubro.
Técnica: coleta dos frutos de coloração preta direto da árvore, com podão, quando outros frutos da mesma árvore já tiverem começado a cair.
Altura média das matrizes: 9 a 15 m.

BENEFICIAMENTO
Técnica: esfregar os frutos em peneira sob água corrente para a remoção da polpa e separação das sementes.
Secagem: intolerante.
Armazenamento: < 1 mês.

SEMEADURA
Quebra de dormência: desnecessária.
Germinação esperada: 60% a 80%.
Tempo para emergência: 30 a 60 dias.

PRODUÇÃO DE MUDAS
Tolerância à repicagem: alta.
Pragas e doenças: nada em particular.
Tempo de produção: 6 a 7 meses; *altura*: 20 a 30 cm; *diâmetro do colo*: > 4 mm.

Fruto: carnoso, dispersão por animais.

Semente: recalcitrante, sem dormência, 900 sementes/kg.

Face superior

Face inferior

0　1　2　3 cm

DETALHES MORFOLÓGICOS

Folhas novas com folíolos unidos na base

Folhas novas com raque arroxeada

Cordyline spectabilis Kunth & Bouché

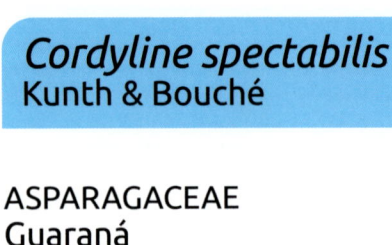

ASPARAGACEAE
Guaraná

Produção de sementes e mudas

COLETA DE SEMENTES
Período: novembro a janeiro.
Técnica: coleta dos frutos de coloração preta direto da árvore, com podão.
Altura média das matrizes: 2 a 5 m.

BENEFICIAMENTO
Técnica: esfregar os frutos em peneira sob água corrente para a remoção da polpa e separação das sementes.
Secagem: tolerante.
Armazenamento: < 1 ano.

SEMEADURA
Quebra de dormência: desnecessária.
Germinação esperada: 60% a 80%.
Tempo para emergência: < 15 dias.

PRODUÇÃO DE MUDAS
Tolerância à repicagem: alta.
Pragas e doenças: nada em particular.
Tempo de produção: 3 a 4 meses; *altura*: 20 a 40 cm; *diâmetro do colo*: > 5 mm.

Fruto: carnoso, dispersão por animais.

Semente: ortodoxa, sem dormência, 200.000 sementes/kg.

Face superior

Face inferior

0 1 2 3 cm

DETALHES MORFOLÓGICOS

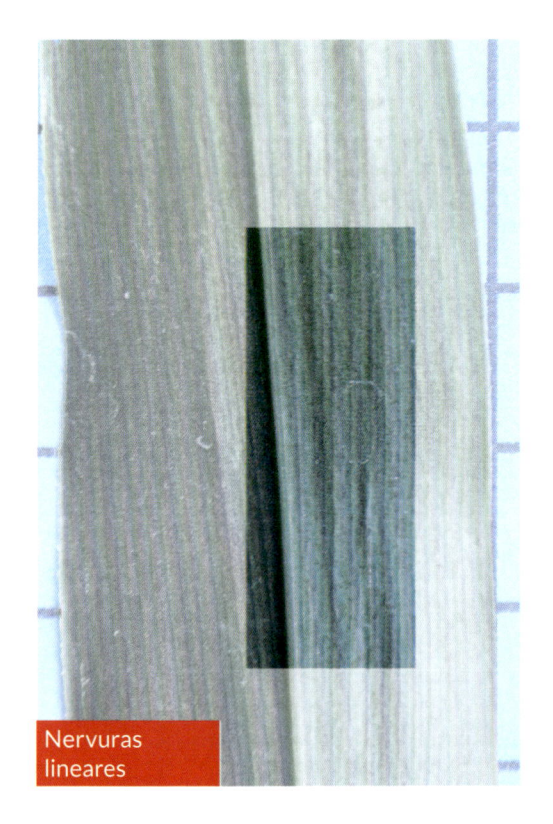

Nervuras lineares

Folhas concentradas no ápice dos ramos

Eremanthus elaeagnus
(Mart. ex DC.) Sch.Bip.

ASTERACEAE
Candeia-do-cerrado

Produção de sementes e mudas

COLETA DE SEMENTES
Período: janeiro a março.
Técnica: coleta dos frutos de coloração marrom e já secos direto da árvore, com podão, quando outros frutos da mesma árvore já tiverem começado a cair.
Altura média das matrizes: 4 a 6 m.

BENEFICIAMENTO
Técnica: secar os frutos ao sol e esfregá-los em uma peneira para a separação das sementes.
Secagem: tolerante.
Armazenamento: > 1 ano.

SEMEADURA
Quebra de dormência: desnecessária.
Germinação esperada: 20% a 60%.
Tempo para emergência: < 15 dias.

PRODUÇÃO DE MUDAS
Tolerância à repicagem: baixa.
Pragas e doenças: nada em particular.
Tempo de produção: 3 a 4 meses; *altura*: 20 a 30 cm; *diâmetro do colo*: > 3 mm.

Fruto: seco indeiscente com papus, sementes com dispersão pelo vento.

Semente: ortodoxa, sem dormência, 2.225.000 sementes/kg.

Face superior

Face inferior

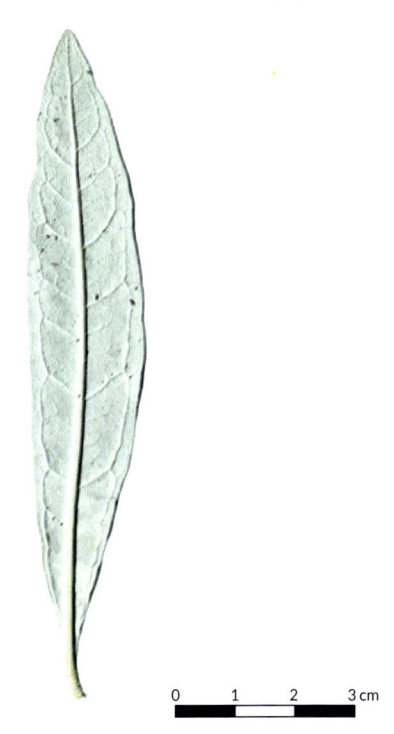

0 1 2 3 cm

DETALHES MORFOLÓGICOS

Folhas discolores, com nervura central saliente

Brotações esbranquiçadas, com ramos novos sulcados

Eremanthus glomerulatus Less.

ASTERACEAE
Candeia-do-norte

Produção de sementes e mudas

COLETA DE SEMENTES
Período: janeiro a março.
Técnica: coleta dos frutos de coloração marrom e já secos direto da árvore, com podão, quando outros frutos da mesma árvore já tiverem começado a abrir.
Altura média das matrizes: 6 a 8 m.

BENEFICIAMENTO
Técnica: secar os frutos ao sol e esfregá-los em uma peneira para a separação das sementes.
Secagem: tolerante.
Armazenamento: > 1 ano.

SEMEADURA
Quebra de dormência: desnecessária.
Germinação esperada: 60% a 80%.
Tempo para emergência: < 15 dias.

PRODUÇÃO DE MUDAS
Tolerância à repicagem: baixa.
Pragas e doenças: nada em particular.
Tempo de produção: 3 a 4 meses; *altura*: 20 a 30 cm; *diâmetro do colo*: > 3 mm.

Fruto: seco indeiscente, com papus, dispersão pelo vento.

Semente: ortodoxa, sem dormência, 2.210.000 sementes/kg.

Face superior

Face inferior

0   1   2   3 cm

DETALHES MORFOLÓGICOS

Folhas discolores

Bordas serreadas, pilosidade branca na face inferior das folhas

Stifftia chrysantha
J.C. Mikan

ASTERACEAE
Diadema

Produção de sementes e mudas

COLETA DE SEMENTES
Período: março a maio.
Técnica: coleta dos frutos de coloração amarelada e já secos direto da árvore, com podão, quando outros frutos da mesma árvore já tiverem começado a cair.
Altura média das matrizes: 5 a 10 m.

BENEFICIAMENTO
Técnica: secar os frutos ao sol e esfregá-los em uma peneira para a separação das sementes.
Secagem: tolerante.
Armazenamento: > 6 meses.

SEMEADURA
Quebra de dormência: desnecessária.
Germinação esperada: 40% a 60%.
Tempo para emergência: < 15 dias.

PRODUÇÃO DE MUDAS
Tolerância à repicagem: baixa.
Pragas e doenças: nada em particular.
Tempo de produção: 3 a 4 meses; *altura*: 20 a 30 cm; *diâmetro do colo*: > 4 mm.

Fruto: seco indeiscente com papus, sementes com dispersão pelo vento.

Semente: ortodoxa, sem dormência, 55.000 sementes/kg.

Face superior

Face inferior

0　1　2　3 cm

DETALHES MORFOLÓGICOS

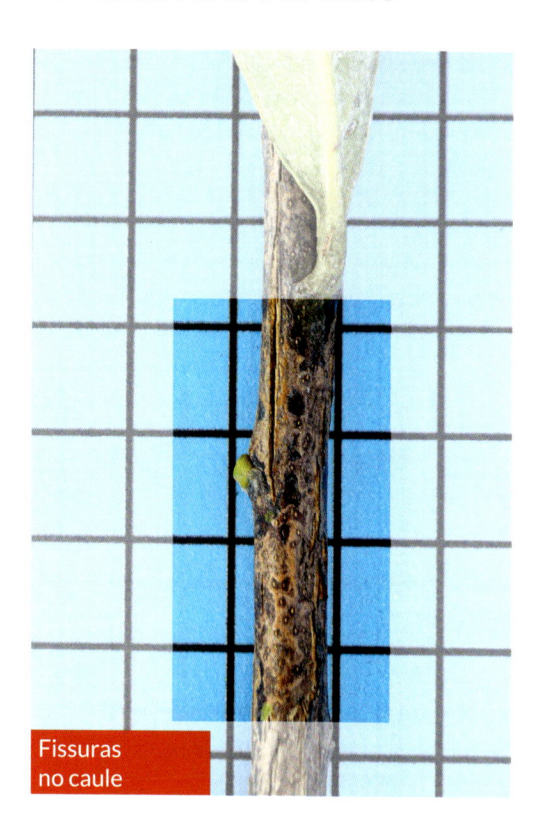

Fissuras no caule

Brotações alongadas

Vernonanthura discolor (Spreng.) H.Rob.

ASTERACEAE
Vassourão-preto

Produção de sementes e mudas

COLETA DE SEMENTES
Período: janeiro a março.
Técnica: coleta dos frutos de coloração marrom e já secos direto da árvore, com podão, quando outros frutos da mesma árvore já tiverem começado a se abrir.
Altura média das matrizes: 6 a 8 m.

BENEFICIAMENTO
Técnica: secar os frutos ao sol e esfregá-los em uma peneira para a separação das sementes.

Secagem: tolerante.
Armazenamento: > 1 ano.

SEMEADURA
Quebra de dormência: desnecessária.
Germinação esperada: 20% a 60%.
Tempo para emergência: < 15 dias.

PRODUÇÃO DE MUDAS
Tolerância à repicagem: baixa.
Pragas e doenças: nada em particular.
Tempo de produção: 3 a 4 meses; *altura*: 20 a 30 cm; *diâmetro do colo*: > 3 mm.

Fruto: seco indeiscente com papus, sementes com dispersão pelo vento.

Semente: ortodoxa, sem dormência, 1.600.000 sementes/kg.

Face superior   Face inferior

0 1 2 3 cm

DETALHES MORFOLÓGICOS

Caule muito piloso

Folha pilosa, com borda serreada e nervuras salientes

Wunderlichia crulsiana
Taub.

ASTERACEAE
Veludo

Produção de sementes e mudas

COLETA DE SEMENTES
Período: janeiro a março.
Técnica: coleta dos frutos de coloração marrom e já secos direto da árvore, com podão, quando outros frutos da mesma árvore já tiverem começado a se abrir.
Altura média das matrizes: 4 a 6 m.

BENEFICIAMENTO
Técnica: secar os frutos ao sol e esfregá-los em uma peneira para a separação das sementes.

Secagem: tolerante.
Armazenamento: > 1 ano.

SEMEADURA
Quebra de dormência: desnecessária.
Germinação esperada: 40% a 60%.
Tempo para emergência: 15 a 30 dias.

PRODUÇÃO DE MUDAS
Tolerância à repicagem: baixa.
Pragas e doenças: nada em particular.
Tempo de produção: 6 a 8 meses; *altura*: 15 a 20 cm; *diâmetro do colo*: > 3 mm.

Fruto: seco deiscente com papus, sementes com dispersão pelo vento.

Semente: ortodoxa, sem dormência, 80.000 sementes/kg.

Face superior

Face inferior

0 1 2 3 cm

DETALHES MORFOLÓGICOS

Caule piloso e enegrecido

Pilosidade abundante nas folhas, como lanugem

Handroanthus vellosoi
(Toledo) Matos

BIGNONIACEAE
Ipê-amarelo-liso

Produção de sementes e mudas

COLETA DE SEMENTES
Período: setembro a novembro.
Técnica: coleta dos frutos de coloração verde-amarronzada e ainda fechados direto da árvore, com podão, quando outros frutos da mesma árvore já tiverem começado a se abrir.
Altura média das matrizes: 10 a 15 m.

BENEFICIAMENTO
Técnica: secar os frutos ao sol até a abertura espontânea e liberação das sementes, para posterior separação manual com auxílio de peneira.

Secagem: tolerante.
Armazenamento: < 1 ano.

SEMEADURA
Quebra de dormência: desnecessária.
Germinação esperada: 80% a 90%.
Tempo para emergência: < 15 dias.

PRODUÇÃO DE MUDAS
Tolerância à repicagem: média.
Pragas e doenças: nada em particular.
Tempo de produção: 3 a 4 meses; *altura*: 20 a 30 cm; *diâmetro do colo*: > 3 mm.

Fruto: seco deiscente, liberando sementes aladas, dispersão pelo vento.

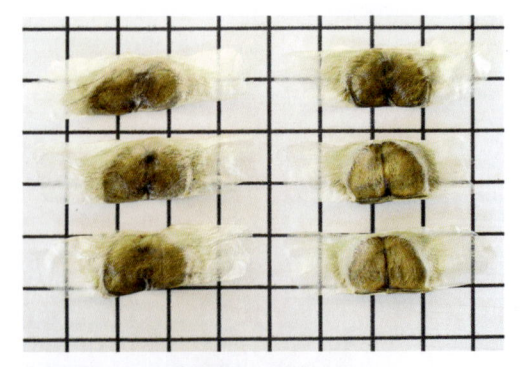

Semente: ortodoxa, sem dormência, 24.500 sementes/kg.

Face superior

Face inferior

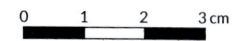

0 1 2 3 cm

DETALHES MORFOLÓGICOS

Borda serreada

Folhas sem pilosidade

Jacaranda micrantha Cham.

BIGNONIACEAE
Caroba

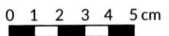

Produção de sementes e mudas

COLETA DE SEMENTES
Período: junho a agosto.
Técnica: coleta dos frutos de coloração marrom e ainda fechados direto da árvore, com podão, quando outros frutos da mesma árvore já tiverem começado a se abrir.
Altura média das matrizes: 8 a 10 m.

BENEFICIAMENTO
Técnica: secar os frutos ao sol até a abertura espontânea e liberação das sementes, para posterior separação manual com auxílio de peneira.

Secagem: tolerante.
Armazenamento: > 1 ano.

SEMEADURA
Quebra de dormência: desnecessária.
Germinação esperada: 80% a 90%.
Tempo para emergência: 15 a 30 dias.

PRODUÇÃO DE MUDAS
Tolerância à repicagem: alta.
Pragas e doenças: pulgão.
Tempo de produção: 3 a 4 meses; *altura*: 15 a 20 cm; *diâmetro do colo*: > 3 mm.

Fruto: seco deiscente, liberando sementes aladas, dispersão pelo vento.

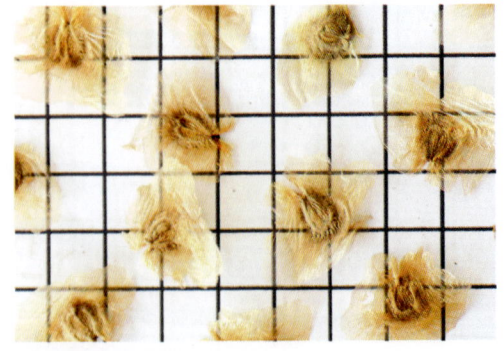

Semente: ortodoxa, sem dormência, 100.000 sementes/kg.

Face superior

Face inferior

0 1 2 3 cm

DETALHES MORFOLÓGICOS

Caule achatado

Raque alada

Bixa orellana
L.

BIXACEAE
Urucum

Produção de sementes e mudas

COLETA DE SEMENTES
Período: agosto a outubro.
Técnica: coleta dos frutos de coloração marrom direto da árvore, com podão, quando outros frutos da mesma árvore já tiverem começado a se abrir.
Altura média das matrizes: 5 a 10 m.

BENEFICIAMENTO
Técnica: esmagar ou cortar os frutos manualmente ou com equipamento apropriado, e separar as sementes manualmente, com auxílio de peneira.

Secagem: tolerante.
Armazenamento: > 1 ano.

SEMEADURA
Quebra de dormência: desnecessária.
Germinação esperada: 60% a 80%.
Tempo para emergência: < 15 dias.

PRODUÇÃO DE MUDAS
Tolerância à repicagem: alta.
Pragas e doenças: nada em particular.
Tempo de produção: 3 a 4 meses; *altura*: 20 a 30 cm; *diâmetro do colo*: > 3 mm.

Fruto: seco deiscente, expondo sementes com arilo, dispersão por animais.

Semente: ortodoxa, sem dormência, 50.000 sementes/kg.

Face superior												Face inferior

0 1 2 3 cm

DETALHES MORFOLÓGICOS

Caule arroxeado

Cinco nervuras saindo da base do limbo

Cordia alliodora (Ruiz & Pav.) Cham.

BORAGINACEAE
Lourinho

Produção de sementes e mudas

COLETA DE SEMENTES
Período: julho a setembro.
Técnica: coleta dos frutos de coloração marrom-clara direto da árvore, com podão, quando outros frutos da mesma árvore já tiverem começado a cair. Atentar para a "granação" das sementes antes de realizar a coleta, pois os frutos adquirem a cor marrom antes de as sementes estarem formadas.
Altura média das matrizes: 5 a 10 m.

BENEFICIAMENTO
Técnica: secar os frutos à sombra e esfregá-los em peneira para a remoção das asas.

Secagem: tolerante.
Armazenamento: < 1 mês.

SEMEADURA
Quebra de dormência: desnecessária.
Germinação esperada: 40% a 60%.
Tempo para emergência: 15 a 30 dias.

PRODUÇÃO DE MUDAS
Tolerância à repicagem: alta.
Pragas e doenças: nada em particular.
Tempo de produção: 3 a 4 meses; *altura*: 15 a 20 cm; *diâmetro do colo*: > 2 mm.

Fruto: seco indeiscente, alado, dispersão pelo vento.

Semente: ortodoxa, sem dormência, 47.000 sementes/kg.

Face superior

Face inferior

0 1 2 3 cm

DETALHES MORFOLÓGICOS

Caule com lenticelas abundantes

Pilosidade abundante nas folhas e ramos, conferindo textura áspera

Cordia glabrata (Mart.) A.DC.

BORAGINACEAE
Louro-preto

Produção de sementes e mudas

COLETA DE SEMENTES
Período: setembro a novembro.
Técnica: coleta dos frutos de coloração marrom-clara direto da árvore, com podão, quando outros frutos da mesma árvore já tiverem começado a cair.
Altura média das matrizes: 8 a 12 m.

BENEFICIAMENTO
Técnica: secar os frutos à sombra e esfregá-los em peneira para a remoção das asas.
Secagem: tolerante.
Armazenamento: < 1 semana.

SEMEADURA
Quebra de dormência: desnecessária.
Germinação esperada: 40% a 60%.
Tempo para emergência: 15 a 30 dias.

PRODUÇÃO DE MUDAS
Tolerância à repicagem: alta.
Pragas e doenças: nada em particular.
Tempo de produção: 3 a 4 meses; *altura*: 15 a 20 cm; *diâmetro do colo*: > 3 mm.

Fruto: seco indeiscente, alado, dispersão pelo vento.

Semente: ortodoxa, sem dormência, 24.400 sementes/kg.

Face superior											Face inferior

0　1　2　3 cm

DETALHES MORFOLÓGICOS

Mudança brusca de coloração do caule, a partir de novas brotações

Nervuras central e secundárias salientes

Protium spruceanum (Benth.) Engl.

BURSERACEAE
Breu

Produção de sementes e mudas

COLETA DE SEMENTES
Período: outubro a dezembro.
Técnica: coleta dos frutos de coloração vermelha e ainda fechados direto da árvore, com podão, quando outros frutos da mesma árvore já tiverem começado a se abrir.
Altura média das matrizes: 5 a 8 m.

BENEFICIAMENTO
Técnica: secar os frutos à sombra até se abrirem de forma espontânea, separar as sementes manualmente e esfregá-las em peneira sob água corrente para a remoção do arilo.

Secagem: intolerante.
Armazenamento: < 1 mês.

SEMEADURA
Quebra de dormência: desnecessária.
Germinação esperada: 40% a 60%.
Tempo para emergência: 15 a 30 dias.

PRODUÇÃO DE MUDAS
Tolerância à repicagem: baixa.
Pragas e doenças: nada em particular.
Tempo de produção: 4 a 5 meses; *altura*: 15 a 20 cm; *diâmetro do colo*: > 2 mm.

Fruto: seco deiscente, expondo sementes com arilo, dispersão por animais.

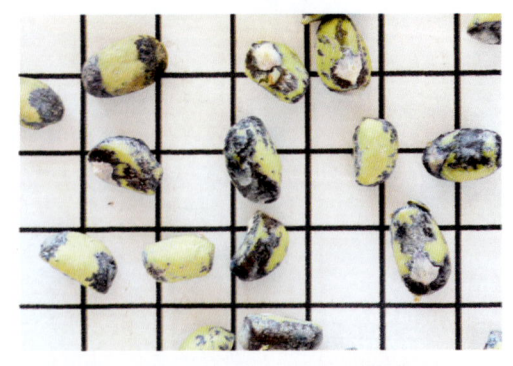

Semente: recalcitrante, sem dormência, 8.700 sementes/kg.

Face superior

Face inferior

0 1 2 3 cm

DETALHES MORFOLÓGICOS

Látex translúcido, bastante odorífero

Borda serreada, com marcas brancas no limbo

Kielmeyera coriacea
Mart. & Zucc.

CALOPHYLLACEAE
Pau-santo

Produção de sementes e mudas

COLETA DE SEMENTES
Período: julho a setembro.
Técnica: coleta dos frutos de coloração marrom e ainda fechados direto da árvore, com podão, quando outros frutos da mesma árvore já tiverem começado a se abrir.
Altura média das matrizes: 2 a 5 m.

BENEFICIAMENTO
Técnica: secar os frutos ao sol até a abertura espontânea e liberação das sementes, para posterior separação manual com auxílio de peneira.

Secagem: tolerante.
Armazenamento: < 6 meses.

SEMEADURA
Quebra de dormência: desnecessária.
Germinação esperada: 60% a 80%.
Tempo para emergência: < 15 dias.

PRODUÇÃO DE MUDAS
Tolerância à repicagem: baixa.
Pragas e doenças: nada em particular.
Tempo de produção: 4 a 5 meses; *altura*: 15 a 20 cm; *diâmetro do colo*: > 4 mm.

Fruto: seco deiscente, dispersão pelo vento.

Semente: ortodoxa, sem dormência, 18.000 sementes/kg.

Face superior Face inferior

0   1   2   3 cm

DETALHES MORFOLÓGICOS

Látex

Nervura central e borda da folha brancas e bem marcadas

Citronella gongonha
(Mart.) R.A. Howard

CARDIOPTERIDACEAE
Guaré

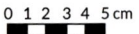

Produção de sementes e mudas

COLETA DE SEMENTES
Período: julho a setembro.
Técnica: coleta dos frutos de coloração roxa direto da árvore, com podão.
Altura média das matrizes: 5 a 8 m.

BENEFICIAMENTO
Técnica: esfregar os frutos em peneira sob água corrente para a remoção da polpa e separação das sementes.
Secagem: pouco tolerante.
Armazenamento: < 1 mês.

SEMEADURA
Quebra de dormência: desnecessária.
Germinação esperada: 80% a 100%.
Tempo para emergência: < 15 dias.

PRODUÇÃO DE MUDAS
Tolerância à repicagem: baixa.
Pragas e doenças: nada em particular.
Tempo de produção: 3 a 4 meses; *altura*: 20 a 30 cm; *diâmetro do colo*: > 3 mm.

Fruto: carnoso, dispersão por animais.

Semente: intermediária, sem dormência, 5.200 sementes/kg.

Face superior   Face inferior

0   1   2   3 cm

DETALHES MORFOLÓGICOS

Pequeno espinho na base do limbo

Nervura central saliente e secundárias bem marcadas na face inferior da folha

Monteverdia aquifolia
(Mart. Ex Reissek) Biral

CELASTRACEAE
Espinheira-santa-arbórea

Produção de sementes e mudas

COLETA DE SEMENTES
Período: outubro a dezembro.
Técnica: coleta dos frutos de coloração vermelha direto da árvore, com podão.
Altura média das matrizes: 5 a 10 m.

BENEFICIAMENTO
Técnica: esfregar os frutos em peneira sob água corrente para a remoção da polpa e separação das sementes.
Secagem: intolerante.
Armazenamento: < 1 semana.

SEMEADURA
Quebra de dormência: desnecessária.
Germinação esperada: 60% a 80%.
Tempo para emergência: < 15 dias.

PRODUÇÃO DE MUDAS
Tolerância à repicagem: alta.
Pragas e doenças: nada em particular.
Tempo de produção: 3 a 4 meses; *altura*: 20 a 30 cm; *diâmetro do colo*: > 4 mm.

Fruto: seco deiscente, expondo sementes com arilo, dispersão por animais.

Semente: recalcitrante, sem dormência, 10.000 sementes/kg.

Face superior

Face inferior

0   1   2   3 cm

DETALHES MORFOLÓGICOS

Caule com estrias salientes

Extremidade das nervuras secundárias transformada em pequenos espinhos

Plenckia populnea
Reissek

CELASTRACEAE
Marmeleiro-do-campo

Produção de sementes e mudas

COLETA DE SEMENTES
Período: junho a agosto.
Técnica: coleta dos frutos de coloração marrom direto da árvore, com podão, quando outros frutos da mesma árvore já tiverem começado a cair.
Altura média das matrizes: 6 a 10 m.

BENEFICIAMENTO
Técnica: secar os frutos ao sol e remover suas asas com tesoura ou esfregando-os em peneira.
Secagem: tolerante.
Armazenamento: < 6 meses.

SEMEADURA
Quebra de dormência: desnecessária.
Germinação esperada: 50% a 60%.
Tempo para emergência: < 15 dias.

PRODUÇÃO DE MUDAS
Tolerância à repicagem: média.
Pragas e doenças: nada em particular.
Tempo de produção: 4 a 5 meses; *altura*: 20 a 30 cm; *diâmetro do colo*: > 3 mm.

Fruto: seco indeiscente, alado, dispersão pelo vento.

Semente: ortodoxa, sem dormência, 10.500 sementes/kg.

Face superior

Face inferior

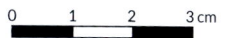

0 1 2 3 cm

DETALHES MORFOLÓGICOS

Caule avermelhado, com estrias

Nervura central avermelhada

Hedyosmum brasiliensis Miq.

CHLORANTHACEAE
Erva-de-soldado

Produção de sementes e mudas

COLETA DE SEMENTES
Período: abril a junho.
Técnica: coleta dos frutos de coloração amarela direto da árvore, com podão, quando outros frutos da mesma árvore já tiverem começado a cair.
Altura média das matrizes: 6 a 8 m.

BENEFICIAMENTO
Técnica: esfregar os frutos em peneira sob água corrente para a remoção da polpa e separação das sementes.
Secagem: intolerante.
Armazenamento: < 6 meses.

SEMEADURA
Quebra de dormência: desnecessária.
Germinação esperada: 60% a 80%.
Tempo para emergência: 15 a 30 dias.

PRODUÇÃO DE MUDAS
Tolerância à repicagem: média.
Pragas e doenças: nada em particular.
Tempo de produção: 4 a 6 meses; *altura*: 15 a 20 cm; *diâmetro do colo*: > 4 mm.

Fruto: carnoso, dispersão por animais.

Semente: recalcitrante, sem dormência, 184.000 sementes/kg.

Face superior

Face inferior

0 1 2 3 cm

DETALHES MORFOLÓGICOS

Caule e pecíolos arroxeados

Borda serreada

Leptobalanus humilis
(Cham. & Schltdl.) Sothers & Prance

CHRYSOBALANACEAE
Fruta-de-ema

Produção de sementes e mudas

COLETA DE SEMENTES
Período: outubro a dezembro.
Técnica: coleta dos frutos de coloração verde, forrando o chão com uma lona e balançando os galhos.
Altura média das matrizes: 5 a 10 m.

BENEFICIAMENTO
Técnica: esfregar os frutos em peneira sob água corrente para a remoção da polpa e separação das sementes.
Secagem: tolerante.
Armazenamento: < 3 meses.

SEMEADURA
Quebra de dormência: desnecessária.
Germinação esperada: 60% a 80%.
Tempo para emergência: 30 a 45 dias.

PRODUÇÃO DE MUDAS
Tolerância à repicagem: média.
Pragas e doenças: nada em particular.
Tempo de produção: 5 a 6 meses; *altura*: 15 a 20 cm; *diâmetro do colo*: > 4 mm.

Fruto: carnoso, dispersão por animais.

Semente: ortodoxa, sem dormência, 700 sementes/kg.

Face superior

Face inferior

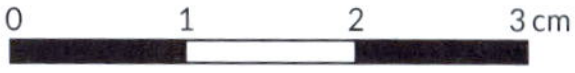

0 1 2 3 cm

DETALHES MORFOLÓGICOS

Estípulas, com folhas e ramos recobertos por lanugem

Folhas discolores, com lanugem na face superior da folha

Moquilea tomentosa Benth.

CHRYSOBALANACEAE
Oiti

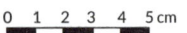

Produção de sementes e mudas

COLETA DE SEMENTES
Período: janeiro a agosto.
Técnica: coleta dos frutos de coloração amarela, forrando o chão com uma lona e balançando os galhos.
Altura média das matrizes: 5 a 10 m.

BENEFICIAMENTO
Técnica: esfregar os frutos em peneira sob água corrente para a remoção da polpa e separação das sementes.
Secagem: pouco tolerante.
Armazenamento: < 1 semana.

SEMEADURA
Quebra de dormência: desnecessária.
Germinação esperada: 60% a 80%.
Tempo para emergência: 10 a 15 dias.

PRODUÇÃO DE MUDAS
Tolerância à repicagem: média.
Pragas e doenças: nada em particular.
Tempo de produção: 3 a 4 meses; *altura*: 20 a 30 cm; *diâmetro do colo*: > 3 mm.

Fruto: carnoso, dispersão por animais.

Semente: intermediária, sem dormência, 85 sementes/kg.

Face superior

Face inferior

0 1 2 3 cm

DETALHES MORFOLÓGICOS

Caule esbranquiçado

Lanugem nas folhas

Clusia criuva Cambess.

CLUSIACEAE
Clúsia

Produção de sementes e mudas

COLETA DE SEMENTES
Período: junho a agosto.
Técnica: coleta dos frutos de coloração verde-amarelada direto da árvore, com podão, quando outros frutos da mesma árvore já tiverem começado a se abrir.
Altura média das matrizes: 5 a 10 m.

BENEFICIAMENTO
Técnica: esfregar os frutos em peneira sob água corrente para a remoção da polpa e separação das sementes.
Secagem: intolerante.
Armazenamento: < 1 semana.

SEMEADURA
Quebra de dormência: desnecessária.
Germinação esperada: 60% a 80%.
Tempo para emergência: 15 a 30 dias.

PRODUÇÃO DE MUDAS
Tolerância à repicagem: alta.
Pragas e doenças: nada em particular.
Tempo de produção: 3 a 4 meses; *altura*: 15 a 20 cm; *diâmetro do colo*: > 4 mm.

Fruto: seco deiscente, expondo sementes com arilo, dispersão por animais.

Semente: recalcitrante, sem dormência, 180.000 sementes/kg.

Face superior

Face inferior

0 1 2 3 cm

DETALHES MORFOLÓGICOS

Raízes adventícias

Látex

Garcinia gardneriana (Planch. & Triana) Zappi

CLUSIACEAE
Bacupari

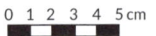

Produção de sementes e mudas

COLETA DE SEMENTES
Período: dezembro a fevereiro.
Técnica: coleta dos frutos de coloração alaranjada direto da árvore, com podão, quando outros frutos da mesma árvore já tiverem começado a cair.
Altura média das matrizes: 5 a 10 m.

BENEFICIAMENTO
Técnica: esfregar os frutos em peneira sob água corrente para a remoção da polpa e separação das sementes.

Secagem: intolerante.
Armazenamento: < 1 semana.

SEMEADURA
Quebra de dormência: desnecessária.
Germinação esperada: 80% a 100%.
Tempo para emergência: 15 a 30 dias.

PRODUÇÃO DE MUDAS
Tolerância à repicagem: média.
Pragas e doenças: nada em particular.
Tempo de produção: 3 a 4 meses; *altura*: 15 a 30 cm; *diâmetro do colo*: > 3 mm.

Fruto: carnoso, dispersão por animais.

Semente: recalcitrante, sem dormência, 350 sementes/kg.

Face superior

Face inferior

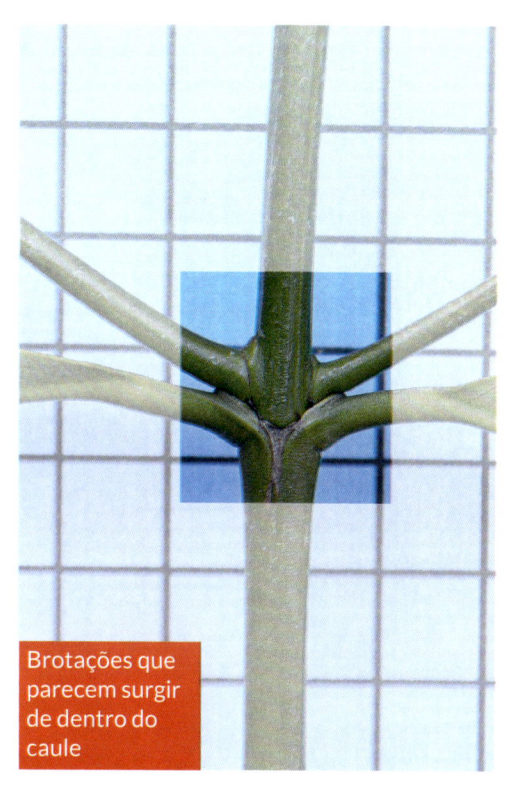

0　1　2　3 cm

DETALHES MORFOLÓGICOS

Estrias marrom no caule

Brotações que parecem surgir de dentro do caule

Conocarpus erectus
L.

COMBRETACEAE
Mangue

Produção de sementes e mudas

COLETA DE SEMENTES
Período: agosto a outubro.
Técnica: coleta dos frutos de coloração marrom e ainda fechados direto da árvore, com podão, quando outros frutos da mesma árvore já tiverem começado a se abrir.
Altura média das matrizes: 5 a 10 m.

BENEFICIAMENTO
Técnica: secar os frutos ao sol até a abertura espontânea e liberação das sementes, para posterior separação manual com auxílio de peneira.

Secagem: tolerante.
Armazenamento: > 1 ano.

SEMEADURA
Quebra de dormência: desnecessária.
Germinação esperada: 60% a 80%.
Tempo para emergência: < 15 dias.

PRODUÇÃO DE MUDAS
Tolerância à repicagem: média.
Pragas e doenças: nada em particular.
Tempo de produção: 3 a 4 meses; *altura*: 20 a 30 cm; *diâmetro do colo*: > 3 mm.

Fruto: seco deiscente, liberando sementes aladas, dispersão pelo vento.

Semente: ortodoxa, sem dormência, 193.300 sementes/kg.

Face superior

Face inferior

0　1　2　3 cm

DETALHES MORFOLÓGICOS

Caule com linhas salientes e pecíolos arroxeados

Domáceas na face inferior da folha

Terminalia triflora
(Griseb.)

COMBRETACEAE
Capitãozinho

Produção de sementes e mudas

COLETA DE SEMENTES
Período: setembro a novembro.
Técnica: coleta dos frutos de coloração marrom direto da árvore, com podão, quando outros frutos da mesma árvore já tiverem começado a cair.
Altura média das matrizes: 5 a 10 m.

BENEFICIAMENTO
Técnica: secar os frutos à sombra e esfregá-los em peneira para a remoção das asas.
Secagem: tolerante.
Armazenamento: > 6 meses.

SEMEADURA
Quebra de dormência: desnecessária.
Germinação esperada: < 50%.
Tempo para emergência: < 15 dias.

PRODUÇÃO DE MUDAS
Tolerância à repicagem: média.
Pragas e doenças: nada em particular.
Tempo de produção: 3 a 4 meses; *altura*: 15 a 20 cm; *diâmetro do colo*: > 3 mm.

Fruto: seco indeiscente, alado, dispersão pelo vento.

Semente: ortodoxa, sem dormência, 83.300 sementes/kg.

Face superior · Face inferior

0 1 2 3 cm

DETALHES MORFOLÓGICOS

Nervuras salientes e bem marcadas no limbo

Pilosidade branca em brotações

Connarus suberosus Planch.

CONNARACEAE
Araruta-do-campo

Produção de sementes e mudas

COLETA DE SEMENTES
Período: outubro a dezembro.
Técnica: coleta dos frutos de coloração amarela direto da árvore, com podão.
Altura média das matrizes: 6 a 8 m.

BENEFICIAMENTO
Técnica: esfregar os frutos em peneira sob água corrente para a remoção da polpa e separação das sementes.
Secagem: intolerante.
Armazenamento: < 3 meses.

SEMEADURA
Quebra de dormência: desnecessária.
Germinação esperada: 80% a 90%.
Tempo para emergência: < 15 dias.

PRODUÇÃO DE MUDAS
Tolerância à repicagem: baixa.
Pragas e doenças: nada em particular.
Tempo de produção: 6 a 7 meses; *altura*: 15 a 20 cm; *diâmetro do colo*: > 2 mm.

Fruto: seco deiscente, expondo sementes com arilo, dispersão por animais.

Semente: recalcitrante, sem dormência, 260 sementes/kg.

Face superior

Face inferior

0 1 2 3 cm

DETALHES MORFOLÓGICOS

Folhas arredondadas e discolores

Pilosidade ferrugínea abundante em brotações

Curatella americana L.

DILLENIACEAE
Cambarba

Produção de sementes e mudas

COLETA DE SEMENTES
Período: setembro a novembro.
Técnica: coleta dos frutos de coloração marrom e ainda fechados direto da árvore, com podão, quando outros frutos da mesma árvore já tiverem começado a se abrir.
Altura média das matrizes: 8 a 10 m.

BENEFICIAMENTO
Técnica: secar os frutos ao sol até a abertura espontânea e liberação das sementes, para posterior separação manual com auxílio de peneira.

Secagem: tolerante.
Armazenamento: < 3 meses.

SEMEADURA
Quebra de dormência: desnecessária.
Germinação esperada: 60% a 80%.
Tempo para emergência: 15 a 20 dias.

PRODUÇÃO DE MUDAS
Tolerância à repicagem: alta.
Pragas e doenças: nada em particular.
Tempo de produção: 3 a 4 meses; *altura*: 15 a 30 cm; *diâmetro do colo*: > 4 mm.

Fruto: seco deiscente, expondo sementes com arilo, dispersão por animais.

Semente: ortodoxa, sem dormência, 66.000 sementes/kg.

Face superior

Face inferior

0 1 2 3 cm

DETALHES MORFOLÓGICOS

Borda serreada, limbo áspero

Pilosidade abundante na folha

Diospyros lasiocalyx (Mart.) B.Walln.

EBENACEAE
Caqui-do-mato

Produção de sementes e mudas

COLETA DE SEMENTES
Período: setembro a novembro.
Técnica: coleta dos frutos de coloração amarela direto da árvore, com podão.
Altura média das matrizes: 4 a 5 m.

BENEFICIAMENTO
Técnica: esfregar os frutos em peneira sob água corrente para a remoção da polpa e separação das sementes.
Secagem: tolerante.
Armazenamento: < 6 meses.

SEMEADURA
Quebra de dormência: desnecessária.
Germinação esperada: 40% a 60%.
Tempo para emergência: 30 a 60 dias.

PRODUÇÃO DE MUDAS
Tolerância à repicagem: média.
Pragas e doenças: nada em particular.
Tempo de produção: 4 a 5 meses; *altura*: 15 a 20 cm; *diâmetro do colo*: > 3 mm.

Fruto: carnoso, dispersão por animais.

Semente: ortodoxa, sem dormência, 600 sementes/kg.

Face superior

Face inferior

0　1　2　3 cm

DETALHES MORFOLÓGICOS

Nervura central amarela e saliente

Pilosidade em brotações

Erythroxylum cuneifolium
(Mart.) O.E. Schulz

ERYTHROXYLACEAE
Coca

Produção de sementes e mudas

COLETA DE SEMENTES
Período: novembro a janeiro.
Técnica: coleta dos frutos de coloração amarelo-avermelhada direto da árvore, com podão.
Altura média das matrizes: 5 a 8 m.

BENEFICIAMENTO
Técnica: esfregar os frutos em peneira sob água corrente para a remoção da polpa e separação das sementes.
Secagem: pouco tolerante.
Armazenamento: < 1 mês.

SEMEADURA
Quebra de dormência: desnecessária.
Germinação esperada: 60% a 80%.
Tempo para emergência: < 15 dias.

PRODUÇÃO DE MUDAS
Tolerância à repicagem: média.
Pragas e doenças: nada em particular.
Tempo de produção: 3 a 4 meses; *altura*: 15 a 20 cm; *diâmetro do colo*: > 3 mm.

Fruto: carnoso, dispersão por animais.

Semente: intermediária, sem dormência, 75.000 sementes/kg.

Face superior   Face inferior

0   1   2   3 cm

DETALHES MORFOLÓGICOS

Brotações na axila das folhas

Lenticelas abundantes, estípula

Erythroxylum deciduum
A. St.-Hil.

ERYTHROXYLACEAE
Cocão

Produção de sementes e mudas

COLETA DE SEMENTES
Período: outubro a dezembro.
Técnica: coleta dos frutos de coloração amarelo-avermelhada direto da árvore, com podão.
Altura média das matrizes: < 5 m.

BENEFICIAMENTO
Técnica: esfregar os frutos em peneira sob água corrente para a remoção da polpa e separação das sementes.
Secagem: pouco tolerante.
Armazenamento: < 1 mês.

SEMEADURA
Quebra de dormência: desnecessária.
Germinação esperada: 60% a 80%.
Tempo para emergência: < 15 dias.

PRODUÇÃO DE MUDAS
Tolerância à repicagem: média.
Pragas e doenças: nada em particular.
Tempo de produção: 3 a 4 meses; *altura*: 15 a 20 cm; *diâmetro do colo*: > 3 mm.

Fruto: carnoso, dispersão por animais.

Semente: intermediária, sem dormência, 12.500 sementes/kg.

Face superior | Face inferior

0 1 2 3 cm

DETALHES MORFOLÓGICOS

Brotações em formato de lança

Estípulas

Alchornea triplinervia
(Spreng.) Müll. Arg.

EUPHORBIACEAE
Capuva

Produção de sementes e mudas

COLETA DE SEMENTES
Período: novembro a janeiro.
Técnica: coleta dos frutos de coloração verde e ainda fechados direto da árvore, com podão, quando outros frutos da mesma árvore já tiverem começado a se abrir, expondo as sementes com arilo vermelho.
Altura média das matrizes: 5 a 10 m.

BENEFICIAMENTO
Técnica: secar os frutos ao sol até se abrirem de forma espontânea, separar as sementes manualmente e esfregá-las em peneira sob água corrente para a remoção do arilo.

Secagem: tolerante.
Armazenamento: < 1 ano.

SEMEADURA
Quebra de dormência: desnecessária.
Germinação esperada: 80% a 100%.
Tempo para emergência: 15 a 30 dias.

PRODUÇÃO DE MUDAS
Tolerância à repicagem: alta.
Pragas e doenças: nada em particular.
Tempo de produção: 3 a 4 meses; *altura*: 15 a 30 cm; *diâmetro do colo*: > 3 mm.

Fruto: seco deiscente, expondo sementes com arilo, dispersão por animais.

Semente: ortodoxa, sem dormência, 19.000 sementes/kg.

Face superior

Face inferior

0　1　2　3 cm

DETALHES MORFOLÓGICOS

Caule e pecíolos avermelhados

Três nervuras salientes saindo da base do limbo, par de glândulas

Gymnanthes klotzschiana
Müll. Arg.

EUPHORBIACEAE
Sarandi

Produção de sementes e mudas

COLETA DE SEMENTES
Período: outubro a dezembro.
Técnica: coleta dos frutos de coloração marrom e ainda fechados direto da árvore, com podão, quando outros frutos da mesma árvore já tiverem começado a se abrir.
Altura média das matrizes: 4 a 6 m.

BENEFICIAMENTO
Técnica: secar os frutos ao sol até a abertura espontânea e liberação das sementes, para posterior separação manual com auxílio de peneira.
Secagem: tolerante.
Armazenamento: < 1 ano.

SEMEADURA
Quebra de dormência: desnecessária.
Germinação esperada: 60% a 80%.
Tempo para emergência: 15 a 30 dias.

PRODUÇÃO DE MUDAS
Tolerância à repicagem: baixa.
Pragas e doenças: nada em particular.
Tempo de produção: 4 a 5 meses; *altura*: 20 a 30 cm; *diâmetro do colo*: > 2 mm.

Fruto: seco deiscente, abertura explosiva, dispersão pela gravidade.

Semente: ortodoxa, sem dormência, 100.000 sementes/kg.

Face superior

Face inferior

0 1 2 3 cm

DETALHES MORFOLÓGICOS

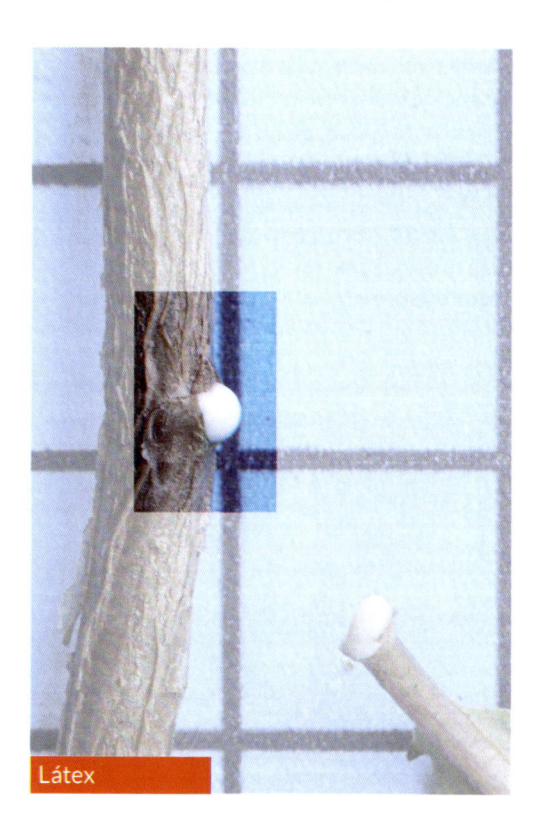

Látex

Borda serreada

Hevea brasiliensis
(Willd. ex A.Juss.) Müll. Arg.

EUPHORBIACEAE
Seringueira

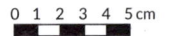

Produção de sementes e mudas

COLETA DE SEMENTES
Período: junho a agosto.
Técnica: coleta dos frutos de coloração verde e ainda fechados direto da árvore, com podão, quando outros frutos da mesma árvore já tiverem começado a se abrir.
Altura média das matrizes: 10 a 15 m.

BENEFICIAMENTO
Técnica: secar os frutos ao sol até a abertura espontânea e liberação das sementes, para posterior separação manual com auxílio de peneira.

Secagem: intolerante.
Armazenamento: < 6 meses.

SEMEADURA
Quebra de dormência: desnecessária.
Germinação esperada: 60% a 80%.
Tempo para emergência: 15 a 30 dias.

PRODUÇÃO DE MUDAS
Tolerância à repicagem: alta.
Pragas e doenças: nada em particular.
Tempo de produção: 4 a 5 meses; *altura*: 20 a 30 cm; *diâmetro do colo*: > 4 mm.

Fruto: seco deiscente, abertura explosiva, dispersão pela gravidade.

Semente: recalcitrante, sem dormência, 240 sementes/kg.

Face superior   Face inferior

0 1 2 3 cm

DETALHES MORFOLÓGICOS

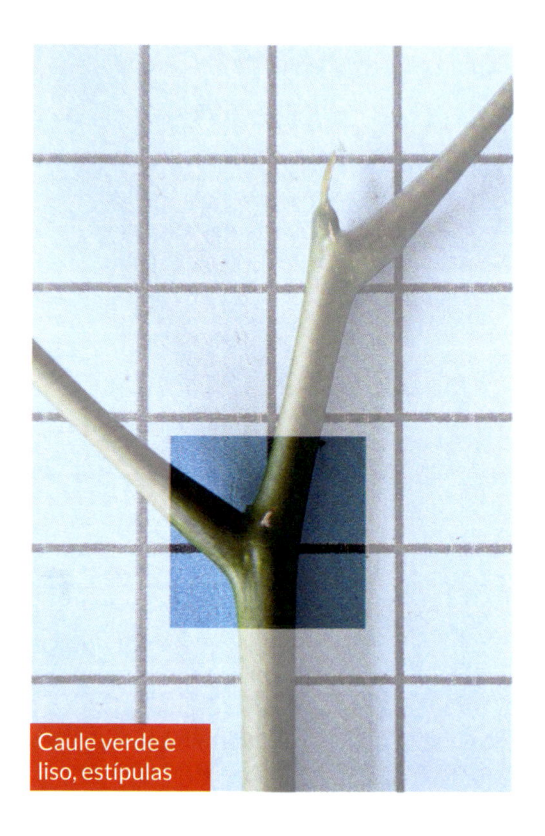

Caule verde e liso, estípulas

Brotações arroxeadas

Hieronyma alchorneoides Allemão

EUPHORBIACEAE
Licurana

Produção de sementes e mudas

COLETA DE SEMENTES
Período: fevereiro a abril.
Técnica: coleta dos frutos de coloração vermelha direto da árvore, com podão.
Altura média das matrizes: 15 a 18 m.

BENEFICIAMENTO
Técnica: esfregar os frutos em peneira sob água corrente para a remoção da polpa e separação das sementes.
Secagem: tolerante.
Armazenamento: < 6 meses.

SEMEADURA
Quebra de dormência: desnecessária.
Germinação esperada: 60% a 80%.
Tempo para emergência: 15 a 30 dias.

PRODUÇÃO DE MUDAS
Tolerância à repicagem: alta.
Pragas e doenças: nada em particular.
Tempo de produção: 3 a 4 meses; *altura*: 15 a 30 cm; *diâmetro do colo*: > 3 mm.

Fruto: carnoso, dispersão por animais.

Semente: ortodoxa, sem dormência, 52.500 sementes/kg.

Face superior   Face inferior

0 1 2 3 cm

DETALHES MORFOLÓGICOS

Ramos e pecíolos avermelhados

Pilosidade em brotações

Joannesia princeps Vell.

EUPHORBIACEAE
Cutieiro

Produção de sementes e mudas

COLETA DE SEMENTES
Período: janeiro a março.
Técnica: coleta dos frutos de coloração marrom-clara direto da árvore, com podão, quando outros frutos da mesma árvore já tiverem começado a cair.
Altura média das matrizes: 10 a 15 m.

BENEFICIAMENTO
Técnica: secar os frutos ao sol até a abertura espontânea e liberação das sementes, para posterior separação manual com auxílio de peneira.

Secagem: tolerante.
Armazenamento: < 6 meses.

SEMEADURA
Quebra de dormência: escarificação mecânica.
Germinação esperada: 60% a 80%.
Tempo para emergência: 30 a 45 dias.

PRODUÇÃO DE MUDAS
Tolerância à repicagem: baixa.
Pragas e doenças: inseto desfoliador.
Tempo de produção: 3 a 4 meses; *altura*: 20 a 30 cm; *diâmetro do colo*: > 4 mm.

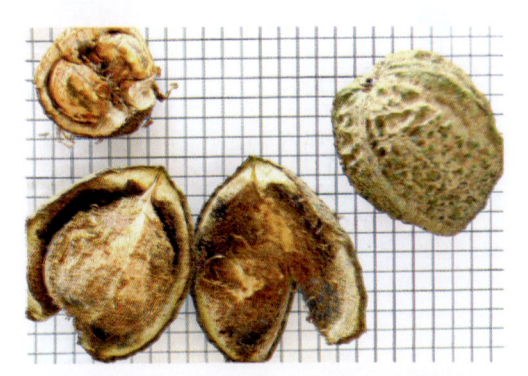

Fruto: seco deiscente, dispersão por animais.

Semente: intermediária, tegumento impermeável, 240 sementes/kg.

Face superior

Face inferior

0 1 2 3 cm

DETALHES MORFOLÓGICOS

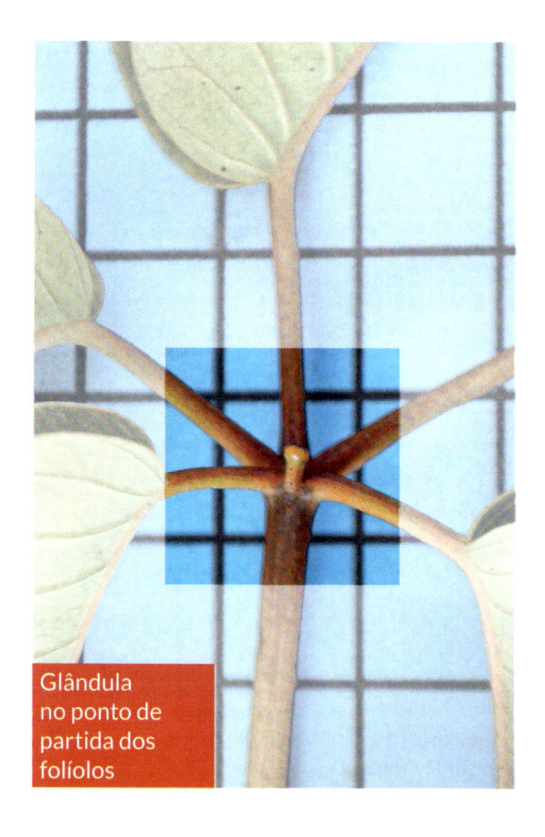

Glândula no ponto de partida dos folíolos

Brotações avermelhadas

Micrandra elata
M. Arg.

EUPHORBIACEAE
Leiteiro-branco

Produção de sementes e mudas

COLETA DE SEMENTES
Período: julho a setembro.
Técnica: coleta dos frutos de coloração marrom e ainda fechados direto da árvore, com podão, quando outros frutos da mesma árvore já tiverem começado a se abrir.
Altura média das matrizes: 10 a 12 m.

BENEFICIAMENTO
Técnica: secar os frutos ao sol até a abertura espontânea e liberação das sementes, para posterior separação manual com auxílio de peneira.

Secagem: tolerante.
Armazenamento: < 6 meses.

SEMEADURA
Quebra de dormência: desnecessária.
Germinação esperada: 60% a 80%.
Tempo para emergência: 15 a 30 dias.

PRODUÇÃO DE MUDAS
Tolerância à repicagem: baixa.
Pragas e doenças: nada em particular.
Tempo de produção: 3 a 4 meses; *altura*: 15 a 25 cm; *diâmetro do colo*: > 3 mm.

Fruto: seco deiscente, dispersão pela gravidade.

Semente: ortodoxa, sem dormência, 2.200 sementes/kg.

Face superior

Face inferior

0 1 2 3 cm

DETALHES MORFOLÓGICOS

Três nervuras saindo da base da folha

Brotações jovens sem folhas

Sapium glandulosum
(L.) Morong

EUPHORBIACEAE
Pau-de-leite

Produção de sementes e mudas

COLETA DE SEMENTES
Período: janeiro a março.
Técnica: coleta dos frutos de coloração verde-arroxeada e ainda fechados direto da árvore, com podão, quando outros frutos da mesma árvore já tiverem começado a se abrir.
Altura média das matrizes: 5 a 10 m.

BENEFICIAMENTO
Técnica: secar os frutos à sombra até se abrirem de forma espontânea, separar as sementes manualmente e esfregá-las em peneira sob água corrente para a remoção do arilo.

Secagem: tolerante.
Armazenamento: < 6 meses.

SEMEADURA
Quebra de dormência: desnecessária.
Germinação esperada: 60% a 80%.
Tempo para emergência: 15 a 30 dias.

PRODUÇÃO DE MUDAS
Tolerância à repicagem: alta.
Pragas e doenças: nada em particular.
Tempo de produção: 4 a 5 meses; *altura*: 20 a 30 cm; *diâmetro do colo*: > 3 mm.

Fruto: seco deiscente, expondo sementes com arilo, dispersão por animais.

Semente: ortodoxa, sem dormência, 28.000 sementes/kg.

Face superior

Face inferior

0　1　2　3 cm

DETALHES MORFOLÓGICOS

Látex

Glândulas na base do limbo

Sapium haematospermum Müll. Arg.

EUPHORBIACEAE
Leiteiro-preto

Produção de sementes e mudas

COLETA DE SEMENTES
Período: janeiro a março.
Técnica: coleta dos frutos de coloração verde-arroxeada e ainda fechados direto da árvore, com podão, quando outros frutos da mesma árvore já tiverem começado a se abrir.
Altura média das matrizes: 5 a 10 m.

BENEFICIAMENTO
Técnica: secar os frutos à sombra até se abrirem de forma espontânea, separar as sementes manualmente e esfregá-las em peneira sob água corrente para a remoção do arilo.
Secagem: tolerante.
Armazenamento: < 6 meses.

SEMEADURA
Quebra de dormência: desnecessária.
Germinação esperada: 60% a 80%.
Tempo para emergência: 15 a 30 dias.

PRODUÇÃO DE MUDAS
Tolerância à repicagem: alta.
Pragas e doenças: nada em particular.
Tempo de produção: 4 a 5 meses; *altura*: 20 a 30 cm; *diâmetro do colo*: > 3 mm.

Fruto: seco deiscente, expondo sementes com arilo, dispersão por animais.

Semente: ortodoxa, sem dormência, 30.000 sementes/kg.

Face superior

Face inferior

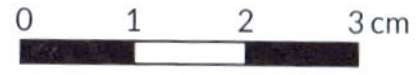

0 1 2 3 cm

DETALHES MORFOLÓGICOS

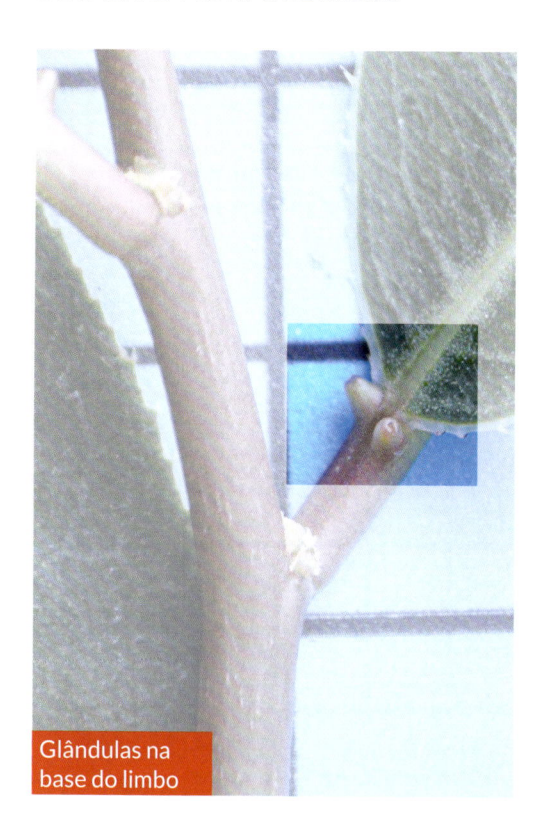

Glândulas na base do limbo

Bordos serreados, nervura central saliente

Bowdichia virgilioides Kunth

FABACEAE
Sucupira-preta

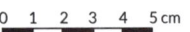

Produção de sementes e mudas

COLETA DE SEMENTES
Período: outubro a dezembro.
Técnica: coleta dos frutos de coloração marrom direto da árvore, com podão, quando outros frutos da mesma árvore já tiverem começado a cair.
Altura média das matrizes: 5 a 10 m.

BENEFICIAMENTO
Técnica: secar os frutos ao sol e esfregá-los em uma peneira para a separação das sementes.
Secagem: tolerante.
Armazenamento: > 1 ano.

SEMEADURA
Quebra de dormência: imersão em ácido sulfúrico concentrado por 5 minutos.
Germinação esperada: 40% a 60%.
Tempo para emergência: 10 a 15 dias.

PRODUÇÃO DE MUDAS
Tolerância à repicagem: baixa.
Pragas e doenças: nada em particular.
Tempo de produção: 4 a 5 meses; *altura*: 15 a 20 cm; *diâmetro do colo*: > 3 mm.

Fruto: seco indeiscente, dispersão pelo vento.

Semente: ortodoxa, tegumento impermeável, 20.000 sementes/kg.

Face superior

Face inferior

0　1　2　3 cm

DETALHES MORFOLÓGICOS

Estípulas

Estipelas, pilosidade abundante

Calliandra brevipes Benth.

FABACEAE
Caliandra

Produção de sementes e mudas

COLETA DE SEMENTES
Período: novembro a janeiro.
Técnica: coleta dos frutos de coloração marrom direto da árvore, com podão, quando outros frutos da mesma árvore já tiverem começado a cair.
Altura média das matrizes: 5 a 8 m.

BENEFICIAMENTO
Técnica: esfregar os frutos em peneira sob água corrente para a remoção da polpa e separação das sementes.
Secagem: tolerante.
Armazenamento: > 1 ano.

SEMEADURA
Quebra de dormência: imersão em ácido sulfúrico concentrado por 5 minutos.
Germinação esperada: 80% a 90%.
Tempo para emergência: < 10 dias.

PRODUÇÃO DE MUDAS
Tolerância à repicagem: alta.
Pragas e doenças: nada em particular.
Tempo de produção: 3 a 4 meses; *altura*: 20 a 40 cm; *diâmetro do colo*: > 3 mm.

Fruto: seco deiscente, dispersão pela gravidade.

Semente: ortodoxa, tegumento impermeável, 12.000 sementes/kg.

Face superior

Face inferior

0 1 2 3 cm

DETALHES MORFOLÓGICOS

Caule com estrias e lenticelas brancas

Estípulas, com pilosidade abundante em brotações

Cassia ferruginea
(Schrad.) Schrad. ex DC.

FABACEAE
Cássia-ferrugínea

Produção de sementes e mudas

COLETA DE SEMENTES
Período: janeiro a março.
Técnica: coleta dos frutos de coloração marrom e ainda fechados direto da árvore, com podão, quando outros frutos da mesma árvore já tiverem começado a cair.
Altura média das matrizes: 10 a 15 m.

BENEFICIAMENTO
Técnica: secar os frutos ao sol e quebrá-los manualmente para separar as sementes.
Secagem: tolerante.
Armazenamento: > 1 ano.

SEMEADURA
Quebra de dormência: imersão em ácido sulfúrico concentrado por 30 minutos.
Germinação esperada: 60% a 80%.
Tempo para emergência: < 15 dias.

PRODUÇÃO DE MUDAS
Tolerância à repicagem: média.
Pragas e doenças: nada em particular.
Tempo de produção: 3 a 4 meses; *altura*: 20 a 30 cm; *diâmetro do colo*: > 3 mm.

Fruto: seco indeiscente, dispersão por animais.

Semente: ortodoxa, tegumento impermeável, 8.700 sementes/kg.

Face superior

Face inferior

0 1 2 3 cm

DETALHES MORFOLÓGICOS

Ramos sulcados com grandes estípulas

Raque sulcada e folíolos pilosos

Cassia grandis
L. f.

FABACEAE
Cássia-grandis

Produção de sementes e mudas

COLETA DE SEMENTES
Período: julho a setembro.
Técnica: coleta dos frutos de coloração marrom e ainda fechados direto da árvore, com podão, quando outros frutos da mesma árvore já tiverem começado a cair.
Altura média das matrizes: 8 a 12 m.

BENEFICIAMENTO
Técnica: secar os frutos ao sol e quebrá-los manualmente para separar as sementes.
Secagem: tolerante.
Armazenamento: > 1 ano.

SEMEADURA
Quebra de dormência: imersão em ácido sulfúrico por 30 minutos.
Germinação esperada: 40% a 60%.
Tempo para emergência: < 15 dias.

PRODUÇÃO DE MUDAS
Tolerância à repicagem: média.
Pragas e doenças: nada em particular.
Tempo de produção: 3 a 4 meses; *altura*: 20 a 30 cm; *diâmetro do colo*: > 3 mm.

Fruto: seco indeiscente, dispersão por animais.

Semente: ortodoxa, tegumento impermeável, 2.500 sementes/kg.

Face superior   Face inferior

0   1   2   3 cm

DETALHES MORFOLÓGICOS

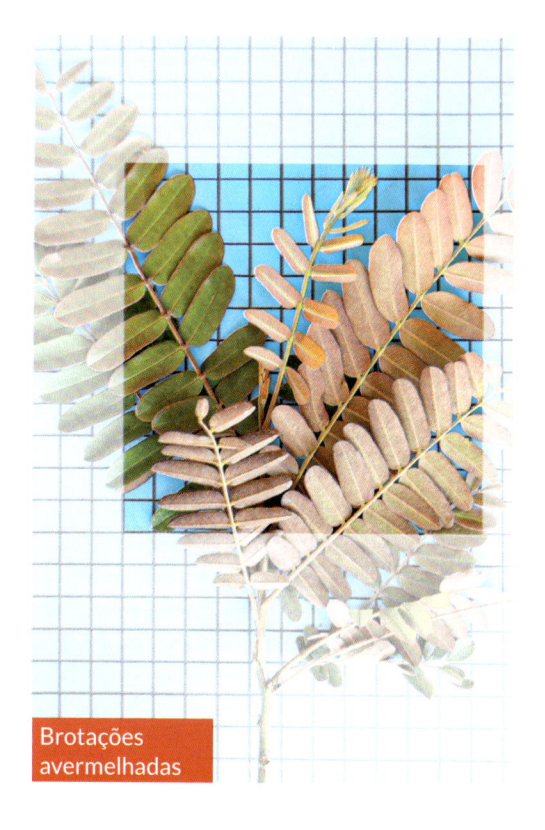

Brotações avermelhadas

Folhas discolores, recobertas por pilosidade ferrugínea

Cenostigma pluviosum
(DC.) Gagnon & G.P. Lewis

FABACEAE
Sibipiruna

Produção de sementes e mudas

COLETA DE SEMENTES
Período: novembro a janeiro.
Técnica: coleta dos frutos de coloração marrom e ainda fechados direto da árvore, com podão, quando outros frutos da mesma árvore já tiverem começado a se abrir.
Altura média das matrizes: 5 a 10 m.

BENEFICIAMENTO
Técnica: secar os frutos ao sol até a abertura espontânea e liberação das sementes, para posterior separação manual com auxílio de peneira.

Secagem: tolerante.
Armazenamento: < 1 ano.

SEMEADURA
Quebra de dormência: desnecessária.
Germinação esperada: 60% a 80%.
Tempo para emergência: < 15 dias.

PRODUÇÃO DE MUDAS
Tolerância à repicagem: baixa.
Pragas e doenças: nada em particular.
Tempo de produção: 3 a 4 meses; *altura*: 20 a 30 cm; *diâmetro do colo*: > 3 mm.

Fruto: seco deiscente, abertura explosiva, dispersão pela gravidade.

Semente: ortodoxa, sem dormência, 6.250 sementes/kg.

Face superior

Face inferior

0 1 2 3 cm

DETALHES MORFOLÓGICOS

Tricomas glandulares

Brotações arroxeadas

Cenostigma pyramidale var. *diversifolium* (Benth.) Gagnon & G.P. Lewis

FABACEAE
Catinga-de-porco

Produção de sementes e mudas

COLETA DE SEMENTES
Período: julho a setembro.
Técnica: coleta dos frutos de coloração amarelo-escura e ainda fechados direto da árvore, com podão, quando outros frutos da mesma árvore já tiverem começado a se abrir.
Altura média das matrizes: 5 a 10 m.

BENEFICIAMENTO
Técnica: secar os frutos ao sol até a abertura espontânea e liberação das sementes, para posterior separação manual com auxílio de peneira.

Secagem: tolerante.
Armazenamento: > 1 ano.

SEMEADURA
Quebra de dormência: desnecessária.
Germinação esperada: 60% a 80%.
Tempo para emergência: < 15 dias.

PRODUÇÃO DE MUDAS
Tolerância à repicagem: baixa.
Pragas e doenças: nada em particular.
Tempo de produção: 3 a 4 meses; *altura*: 15 a 20 cm; *diâmetro do colo*: > 3 mm.

Fruto: seco deiscente, dispersão pela gravidade.

Semente: ortodoxa, sem dormência, 4.600 sementes/kg.

Face superior	Face inferior

0 1 2 3 cm

DETALHES MORFOLÓGICOS

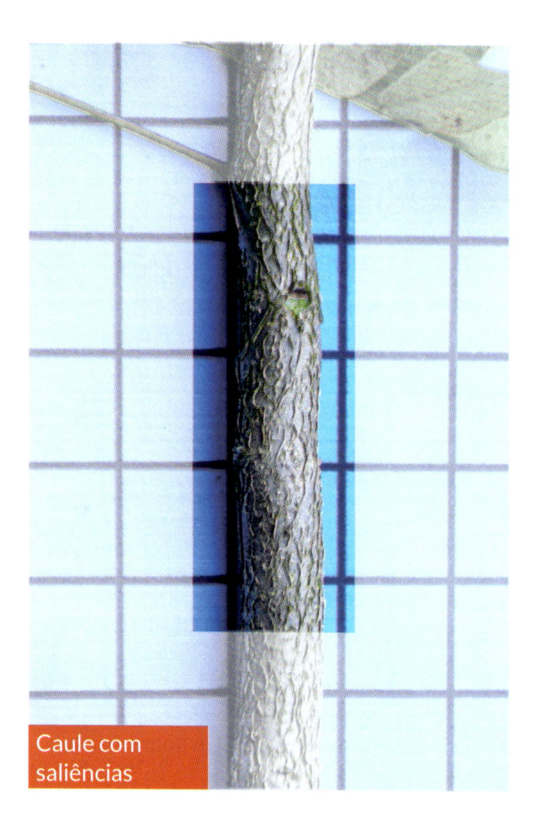

Caule com saliências

Folíolos assimétricos

Chloroleucon tortum
(Mart.)

FABACEAE
Tataré

Produção de sementes e mudas

COLETA DE SEMENTES
Período: agosto a outubro.
Técnica: coleta dos frutos de coloração marrom direto da árvore, com podão, quando outros frutos da mesma árvore já tiverem começado a se abrir.
Altura média das matrizes: < 10 m.

BENEFICIAMENTO
Técnica: secar os frutos ao sol até a abertura espontânea e liberação das sementes, para posterior separação manual com auxílio de peneira.

Secagem: tolerante.
Armazenamento: > 1 ano.

SEMEADURA
Quebra de dormência: imersão em ácido sulfúrico concentrado por 50 minutos.
Germinação esperada: 60% a 80%.
Tempo para emergência: < 15 dias.

PRODUÇÃO DE MUDAS
Tolerância à repicagem: média.
Pragas e doenças: nada em particular.
Tempo de produção: 3 a 4 meses; *altura*: 20 a 30 cm; *diâmetro do colo*: > 3 mm.

Fruto: seco indeiscente, dispersão por animais.

Semente: ortodoxa, tegumento impermeável, 17.800 sementes/kg.

Face superior

Face inferior

0 1 2 3 cm

DETALHES MORFOLÓGICOS

Caule marmorizado

Estípulas

Clitoria fairchildiana
Howard

FABACEAE
Sombreiro

Produção de sementes e mudas

COLETA DE SEMENTES
Período: julho a setembro.
Técnica: coleta dos frutos de coloração verde-amarronzada e ainda fechados direto da árvore, com podão, quando outros frutos da mesma árvore já tiverem começado a se abrir.
Altura média das matrizes: 5 a 10 m.

BENEFICIAMENTO
Técnica: secar os frutos ao sol até a abertura espontânea e liberação das sementes, para posterior separação manual com auxílio de peneira.

Secagem: tolerante.
Armazenamento: < 6 meses.

SEMEADURA
Quebra de dormência: desnecessária.
Germinação esperada: 60% a 80%.
Tempo para emergência: < 15 dias.

PRODUÇÃO DE MUDAS
Tolerância à repicagem: média.
Pragas e doenças: nada em particular.
Tempo de produção: 3 a 4 meses; *altura*: 15 a 25 cm; *diâmetro do colo*: > 3 mm.

Fruto: seco deiscente, abertura explosiva, dispersão pela gravidade.

Semente: ortodoxa, sem dormência, 1.500 sementes/kg.

Face superior

Face inferior

0 1 2 3 cm

DETALHES MORFOLÓGICOS

Estípulas

Folha composta com três folíolos

Cyclolobium brasiliense Benth.

FABACEAE
Louveira

Produção de sementes e mudas

COLETA DE SEMENTES
Período: maio a julho.
Técnica: coleta dos frutos de coloração marrom direto da árvore, com podão, quando outros frutos da mesma árvore já tiverem começado a cair.
Altura média das matrizes: 8 a 12 m.

BENEFICIAMENTO
Técnica: secar os frutos ao sol até a abertura espontânea e liberação das sementes, para posterior separação manual com auxílio de peneira.

Secagem: tolerante.
Armazenamento: < 1 ano.

SEMEADURA
Quebra de dormência: desnecessária.
Germinação esperada: 60% a 80%.
Tempo para emergência: < 15 dias.

PRODUÇÃO DE MUDAS
Tolerância à repicagem: baixa.
Pragas e doenças: nada em particular.
Tempo de produção: 4 a 5 meses; *altura*: 20 a 30 cm; *diâmetro do colo*: > 3 mm.

Fruto: seco indeiscente, alado, dispersão pelo vento.

Semente: ortodoxa, sem dormência, 4.850 sementes/kg.

Face superior

Face inferior

0 1 2 3 cm

DETALHES MORFOLÓGICOS

Estipela na base do limbo

Estípula na base do pecíolo

Dalbergia nigra (Vell.) Fr. All.

FABACEAE
Jacarandá-da-bahia

Produção de sementes e mudas

COLETA DE SEMENTES
Período: junho a agosto.
Técnica: coleta dos frutos de coloração marrom e já secos direto da árvore, com podão, quando outros frutos da mesma árvore já tiverem começado a cair.
Altura média das matrizes: 10 a 12 m.

BENEFICIAMENTO
Técnica: secar os frutos à sombra e esfregá-los em peneira para a remoção das asas.
Secagem: tolerante.
Armazenamento: < 1 ano.

SEMEADURA
Quebra de dormência: desnecessária.
Germinação esperada: 40% a 60%.
Tempo para emergência: 15 a 30 dias.

PRODUÇÃO DE MUDAS
Tolerância à repicagem: média.
Pragas e doenças: nada em particular.
Tempo de produção: 3 a 4 meses; *altura*: 15 a 20 cm; *diâmetro do colo*: > 2 mm.

Fruto: seco indeiscente, alado, dispersão pelo vento.

Semente: ortodoxa, sem dormência, 10.000 sementes/kg.

Face superior

Face inferior

0 1 2 3 cm

DETALHES MORFOLÓGICOS

Brotações secundárias abundantes

Folíolos pequenos e ovalados

Dalbergia villosa Benth.

FABACEAE
Canafístula-brava

Produção de sementes e mudas

COLETA DE SEMENTES
Período: janeiro a março.
Técnica: coleta dos frutos de coloração marrom e já secos direto da árvore, com podão, quando outros frutos da mesma árvore já tiverem começado a cair.
Altura média das matrizes: 8 a 15 m.

BENEFICIAMENTO
Técnica: secar os frutos à sombra e esfregá-los em peneira para a remoção das asas.
Secagem: tolerante.
Armazenamento: < 1 ano.

SEMEADURA
Quebra de dormência: desnecessária.
Germinação esperada: 40% a 60%.
Tempo para emergência: < 15 dias.

PRODUÇÃO DE MUDAS
Tolerância à repicagem: alta.
Pragas e doenças: nada em particular.
Tempo de produção: 4 a 5 meses; *altura*: 15 a 20 cm; *diâmetro do colo*: > 2 mm.

Fruto: seco indeiscente, alado, dispersão pelo vento.

Semente: ortodoxa, sem dormência, 23.000 sementes/kg.

Face superior

Face inferior

0　　1　　2　　3 cm

DETALHES MORFOLÓGICOS

Estípulas

Pilosidade branca em brotações

Diptychandra aurantiaca subsp. *aurantiaca*
Trécul

FABACEAE
Balsaminho

Produção de sementes e mudas

COLETA DE SEMENTES
Período: julho a setembro.
Técnica: coleta dos frutos de coloração marrom e ainda fechados direto da árvore, com podão, quando outros frutos da mesma árvore já tiverem começado a se abrir.
Altura média das matrizes: 5 a 8 m.

BENEFICIAMENTO
Técnica: secar os frutos ao sol até a abertura espontânea e liberação das sementes, para posterior separação manual com auxílio de peneira.

Secagem: tolerante.
Armazenamento: < 6 meses.

SEMEADURA
Quebra de dormência: desnecessária.
Germinação esperada: 40% a 60%.
Tempo para emergência: < 20 dias.

PRODUÇÃO DE MUDAS
Tolerância à repicagem: baixa.
Pragas e doenças: nada em particular.
Tempo de produção: 6 a 7 meses; *altura*: 15 a 20 cm; *diâmetro do colo*: > 3 mm.

Fruto: seco deiscente, liberando sementes aladas, dispersão pelo vento.

Semente: ortodoxa, sem dormência, 3.703 sementes/kg.

Face superior Face inferior

0　　1　　2　　3 cm

DETALHES MORFOLÓGICOS

Caule escuro em contraste com pecíolos verdes

Prolongamento da raque

Enterolobium gummiferum (Mart.) J.F. Macbr.

FABACEAE
Timburi-do-cerrado

Produção de sementes e mudas

COLETA DE SEMENTES
Período: junho a agosto.
Técnica: coleta dos frutos de coloração marrom direto da árvore, com podão.
Altura média das matrizes: 6 a 10 m.

BENEFICIAMENTO
Técnica: esmagar ou cortar os frutos manualmente ou com equipamento apropriado, e separar as sementes manualmente, com auxílio de peneira.
Secagem: tolerante.
Armazenamento: > 1 ano.

SEMEADURA
Quebra de dormência: imersão em ácido sulfúrico concentrado por 1 hora.
Germinação esperada: 60% a 80%.
Tempo para emergência: < 15 dias.

PRODUÇÃO DE MUDAS
Tolerância à repicagem: alta.
Pragas e doenças: queda das folhas.
Tempo de produção: 3 a 4 meses; *altura*: 15 a 25 cm; *diâmetro do colo*: > 3 mm.

Fruto: seco indeiscente, dispersão por animais.

Semente: ortodoxa, tegumento impermeável, 2.300 sementes/kg.

Face superior   Face inferior

0   1   2   3 cm

DETALHES MORFOLÓGICOS

Folíolos ovais e opostos

Glândulas na raque

Enterolobium timbouva Mart.

FABACEAE
Tambuvê

Produção de sementes e mudas

COLETA DE SEMENTES
Período: junho a agosto.
Técnica: coleta dos frutos de coloração preta direto da árvore, com podão.
Altura média das matrizes: 5 a 10 m.

BENEFICIAMENTO
Técnica: esmagar ou cortar os frutos manualmente ou com equipamento apropriado, e separar as sementes manualmente, com auxílio de peneira.
Secagem: tolerante.
Armazenamento: > 1 ano.

SEMEADURA
Quebra de dormência: imersão em ácido sulfúrico concentrado por 30 minutos.
Germinação esperada: 80% a 100%.
Tempo para emergência: < 15 dias.

PRODUÇÃO DE MUDAS
Tolerância à repicagem: alta.
Pragas e doenças: queda das folhas.
Tempo de produção: 3 a 4 meses; *altura*: 15 a 25 cm; *diâmetro do colo*: > 3 mm.

Fruto: seco indeiscente, dispersão por animais.

Semente: ortodoxa, tegumento impermeável, 1.950 sementes/kg.

Face superior

Face inferior

0 1 2 3 cm

DETALHES MORFOLÓGICOS

Caule esbranquiçado, com lenticelas abundantes

Foliólulos opostos, com base assimétrica

Erythrina crista-galli
L.

FABACEAE
Crista-de-galo

Produção de sementes e mudas

COLETA DE SEMENTES
Período: janeiro e fevereiro.
Técnica: coleta dos frutos de coloração marrom e ainda fechados direto da árvore, com podão, quando outros frutos da mesma árvore já tiverem começado a se abrir.
Altura média das matrizes: 8 a 10 m.

BENEFICIAMENTO
Técnica: secar os frutos ao sol e esfregá-los em peneira para a separação das sementes.
Secagem: tolerante.
Armazenamento: > 1 ano.

SEMEADURA
Quebra de dormência: escarificação mecânica em esmeril.
Germinação esperada: 60% a 80%.
Tempo para emergência: < 15 dias.

PRODUÇÃO DE MUDAS
Tolerância à repicagem: alta.
Pragas e doenças: broca do caule.
Tempo de produção: 3 a 4 meses; *altura*: 15 a 30 cm; *diâmetro do colo*: > 4 mm.

Fruto: seco deiscente, dispersão pela gravidade.

Semente: ortodoxa, tegumento impermeável, 3.600 sementes/kg.

Face superior Face inferior

0 1 2 3 cm

DETALHES MORFOLÓGICOS

Acúleos abundantes

Glândulas na base dos folíolos

Erythrina fusca Lour.

FABACEAE
Mulungu-do-brejo

Produção de sementes e mudas

COLETA DE SEMENTES
Período: setembro a novembro.
Técnica: coleta dos frutos de coloração marrom e ainda fechados direto da árvore, com podão, quando outros frutos da mesma árvore já tiverem começado a se abrir.
Altura média das matrizes: 5 a 10 m.

BENEFICIAMENTO
Técnica: secar os frutos ao sol e esfregá-los em peneira para a separação das sementes.
Secagem: tolerante.
Armazenamento: > 1 ano.

SEMEADURA
Quebra de dormência: escarificação mecânica em esmeril.
Germinação esperada: 80% a 90%.
Tempo para emergência: < 15 dias.

PRODUÇÃO DE MUDAS
Tolerância à repicagem: média.
Pragas e doenças: broca do caule.
Tempo de produção: 3 a 4 meses; *altura*: 20 a 30 cm; *diâmetro do colo*: > 4 mm.

Fruto: seco deiscente, dispersão pela gravidade.

Semente: ortodoxa, tegumento impermeável, 2.300 sementes/kg.

Face superior · Face inferior

0 1 2 3 cm

DETALHES MORFOLÓGICOS

Mudança brusca de coloração do caule, a partir de novas brotações

Par de glândulas na base dos peciólulos

Erythrina velutina Willd.

FABACEAE
Corticeira

Produção de sementes e mudas

COLETA DE SEMENTES
Período: setembro a novembro.
Técnica: coleta dos frutos de coloração marrom e ainda fechados direto da árvore, com podão, quando outros frutos da mesma árvore já tiverem começado a se abrir.
Altura média das matrizes: 5 a 10 m.

BENEFICIAMENTO
Técnica: secar os frutos ao sol e esfregá-los em peneira para a separação das sementes.
Secagem: tolerante.
Armazenamento: > 1 ano.

SEMEADURA
Quebra de dormência: escarificação mecânica em esmeril.
Germinação esperada: 80% a 90%.
Tempo para emergência: < 15 dias.

PRODUÇÃO DE MUDAS
Tolerância à repicagem: média.
Pragas e doenças: nada em particular.
Tempo de produção: 3 a 4 meses; *altura*: 15 a 20 cm; *diâmetro do colo*: > 4 mm.

Fruto: seco deiscente, dispersão pela gravidade.

Semente: ortodoxa, tegumento impermeável, 2.000 sementes/kg.

Face superior Face inferior

0 1 2 3 cm

DETALHES MORFOLÓGICOS

Engrossamento do caule, estrias brancas

Brotações curvadas quando jovem, estípulas

Erythrina verna Vell.

FABACEAE
Mulungu-cascudo

Produção de sementes e mudas

COLETA DE SEMENTES
Período: setembro a novembro.
Técnica: coleta dos frutos de coloração marrom e ainda fechados direto da árvore, com podão, quando outros frutos da mesma árvore já tiverem começado a se abrir.
Altura média das matrizes: 5 a 10 m.

BENEFICIAMENTO
Técnica: secar os frutos ao sol e esfregá-los em peneira para a separação das sementes.
Secagem: tolerante.
Armazenamento: > 1 ano.

SEMEADURA
Quebra de dormência: escarificação mecânica em esmeril.
Germinação esperada: 80% a 90%.
Tempo para emergência: < 15 dias.

PRODUÇÃO DE MUDAS
Tolerância à repicagem: média.
Pragas e doenças: broca do caule.
Tempo de produção: 3 a 4 meses; *altura*: 20 a 30 cm; *diâmetro do colo*: > 4 mm.

Fruto: seco deiscente, dispersão pelo vento.

Semente: ortodoxa, tegumento impermeável, 4.000 sementes/kg.

Face superior

Face inferior

0 1 2 3 cm

DETALHES MORFOLÓGICOS

Glândulas na base dos folíolos

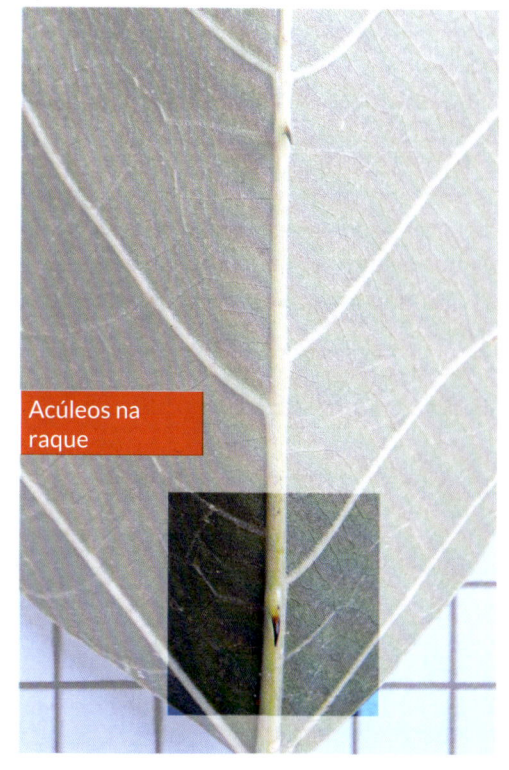

Acúleos na raque

Guibourtia hymenifolia
(Moric.) J. Leonard

FABACEAE
Jatobá-mirim

Produção de sementes e mudas

COLETA DE SEMENTES
Período: novembro a janeiro.
Técnica: coleta dos frutos de coloração marrom e ainda fechados direto da árvore, com podão, quando outros frutos da mesma árvore já tiverem começado a se abrir, expondo as sementes com arilo.
Altura média das matrizes: 10 a 15 m.

BENEFICIAMENTO
Técnica: secar os frutos ao sol até se abrirem de forma espontânea, separar as sementes manualmente e esfregá-las em peneira sob água corrente para a remoção do arilo.

Fruto: seco deiscente, expondo sementes com arilo, dispersão por animais.

Secagem: tolerante.
Armazenamento: > 1 ano.

SEMEADURA
Quebra de dormência: desnecessária.
Germinação esperada: 60% a 80%.
Tempo para emergência: < 15 dias.

PRODUÇÃO DE MUDAS
Tolerância à repicagem: baixa.
Pragas e doenças: nada em particular.
Tempo de produção: 4 a 5 meses; *altura*: 20 a 30 cm; *diâmetro do colo*: > 4 mm.

Semente: ortodoxa, sem dormência, 1.400 sementes/kg.

Face superior Face inferior

0　1　2　3 cm

DETALHES MORFOLÓGICOS

Caule esbranquiçado e engrossado

Folha muito parecida com a do jatobá

Inga vulpina
Mart. ex Benth.

FABACEAE
Ingá-rosa

Produção de sementes e mudas

COLETA DE SEMENTES
Período: novembro a janeiro.
Técnica: coleta dos frutos de coloração amarela direto da árvore, com podão, quando outros frutos da mesma árvore já tiverem começado a cair.
Altura média das matrizes: 8 a 10 m.

BENEFICIAMENTO
Técnica: remover manualmente a polpa do fruto e colocar o material de molho em água por algumas horas, para depois remover manualmente o arilo das sementes, com auxílio de uma peneira.

Secagem: intolerante.
Armazenamento: < 1 semana.

SEMEADURA
Quebra de dormência: desnecessária.
Germinação esperada: 80% a 100%.
Tempo para emergência: < 15 dias.

PRODUÇÃO DE MUDAS
Tolerância à repicagem: alta.
Pragas e doenças: nada em particular.
Tempo de produção: 3 a 4 meses; *altura*: 20 a 30 cm; *diâmetro do colo*: > 3 mm.

Fruto: seco deiscente, expondo sementes com arilo, dispersão por animais.

Semente: recalcitrante, sem dormência, 1.750 sementes/kg.

Face superior — Face inferior

0 1 2 3 cm

DETALHES MORFOLÓGICOS

Pilosidade abundante em folhas e ramos novos

Raque alada

Leptolobium dasycarpum Vogel

FABACEAE
Amargosinha

Produção de sementes e mudas

COLETA DE SEMENTES
Período: maio a julho.
Técnica: coleta dos frutos de coloração marrom direto da árvore, com podão, quando outros frutos da mesma árvore já tiverem começado a cair.
Altura média das matrizes: 5 a 8 m.

BENEFICIAMENTO
Técnica: secar os frutos ao sol e esfregá-los em uma peneira para a separação das sementes.
Secagem: tolerante.
Armazenamento: > 1 ano.

SEMEADURA
Quebra de dormência: imersão em ácido sulfúrico concentrado por 10 minutos.
Germinação esperada: 40% a 60%.
Tempo para emergência: 15 a 30 dias.

PRODUÇÃO DE MUDAS
Tolerância à repicagem: baixa.
Pragas e doenças: nada em particular.
Tempo de produção: 6 a 8 meses; *altura*: 15 a 20 cm; *diâmetro do colo*: > 2 mm.

Fruto: seco indeiscente, alado, dispersão pelo vento.

Semente: ortodoxa, tegumento impermeável, 29.000 sementes/kg.

Face superior   Face inferior

0   1   2   3 cm

DETALHES MORFOLÓGICOS

Caule corticento

Engrossamento no pecíolo e na base do limbo; estípulas

Leptolobium elegans Vogel

FABACEAE
Amendoim-falso

Produção de sementes e mudas

COLETA DE SEMENTES
Período: maio a julho.
Técnica: coleta dos frutos de coloração marrom direto da árvore, com podão, quando outros frutos da mesma árvore já tiverem começado a cair.
Altura média das matrizes: 5 a 8 m.

BENEFICIAMENTO
Técnica: secar os frutos ao sol e esfregá-los em uma peneira para a separação das sementes.
Secagem: tolerante.
Armazenamento: > 1 ano.

SEMEADURA
Quebra de dormência: imersão em ácido sulfúrico concentrado por 10 minutos.
Germinação esperada: 40% a 60%.
Tempo para emergência: 15 a 30 dias.

PRODUÇÃO DE MUDAS
Tolerância à repicagem: baixa.
Pragas e doenças: nada em particular.
Tempo de produção: 6 a 8 meses; *altura*: 15 a 20 cm; *diâmetro do colo*: > 2 mm.

Fruto: seco indeiscente, alado, dispersão pelo vento.

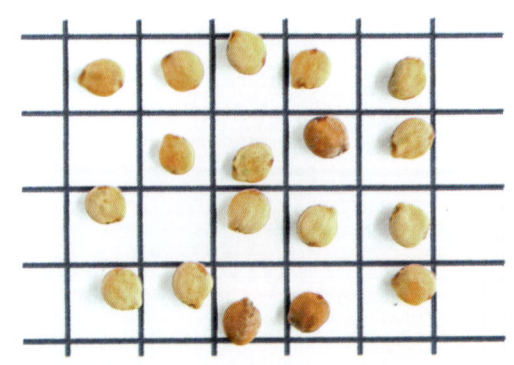

Semente: ortodoxa, tegumento impermeável, 20.000 sementes/kg.

Face superior   Face inferior

0   1   2   3 cm

DETALHES MORFOLÓGICOS

Mudança brusca de coloração do caule, a partir de novas brotações

Ápice do folíolo voltado para dentro

Libidibia ferrea var. *leiostachya* (Benth.) L.P. Queiroz

FABACEAE
Pau-ferro

Produção de sementes e mudas

COLETA DE SEMENTES
Período: junho a agosto.
Técnica: coleta dos frutos de coloração preta direto da árvore, com podão.
Altura média das matrizes: 10 a 20 m.

BENEFICIAMENTO
Técnica: esmagar ou cortar os frutos manualmente ou com equipamento apropriado, e separar as sementes manualmente, com o auxílio de peneira.
Secagem: tolerante.
Armazenamento: > 1 ano.

SEMEADURA
Quebra de dormência: imersão em ácido sulfúrico por 1 hora.
Germinação esperada: 60% a 80%.
Tempo para emergência: < 15 dias.

PRODUÇÃO DE MUDAS
Tolerância à repicagem: alta.
Pragas e doenças: queda das folhas.
Tempo de produção: 3 a 4 meses; *altura*: 15 a 25 cm; *diâmetro do colo*: > 3 mm.

Fruto: seco indeiscente, dispersão por animais.

Semente: ortodoxa, tegumento impermeável, 6.800 sementes/kg.

Face superiorFace inferior

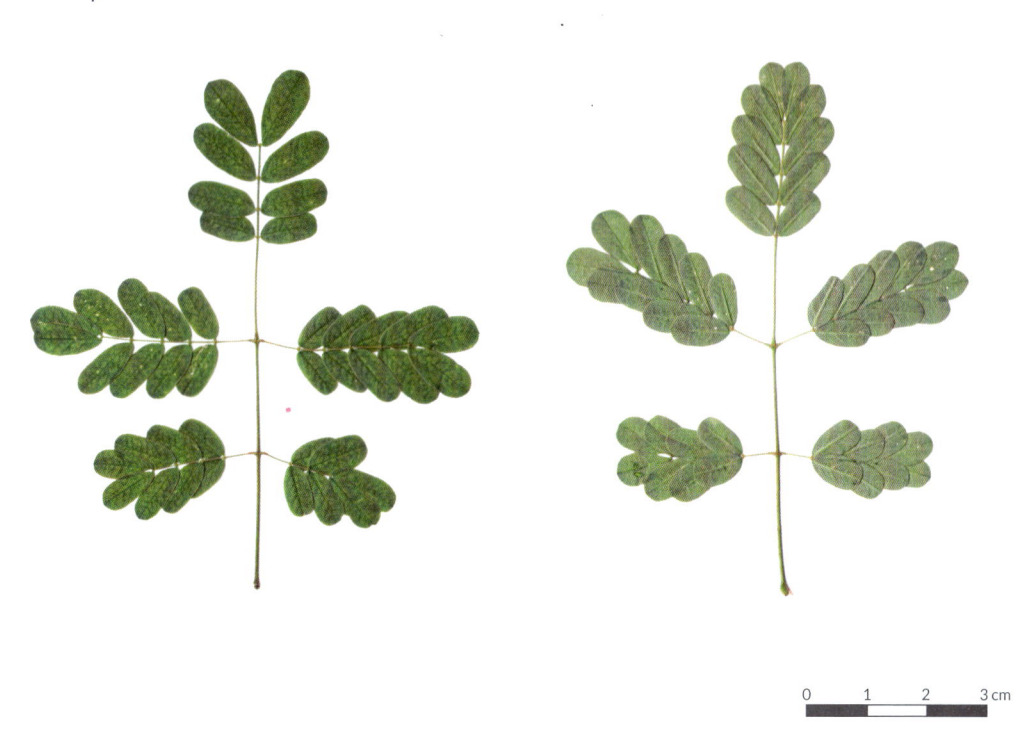

0 1 2 3 cm

DETALHES MORFOLÓGICOS

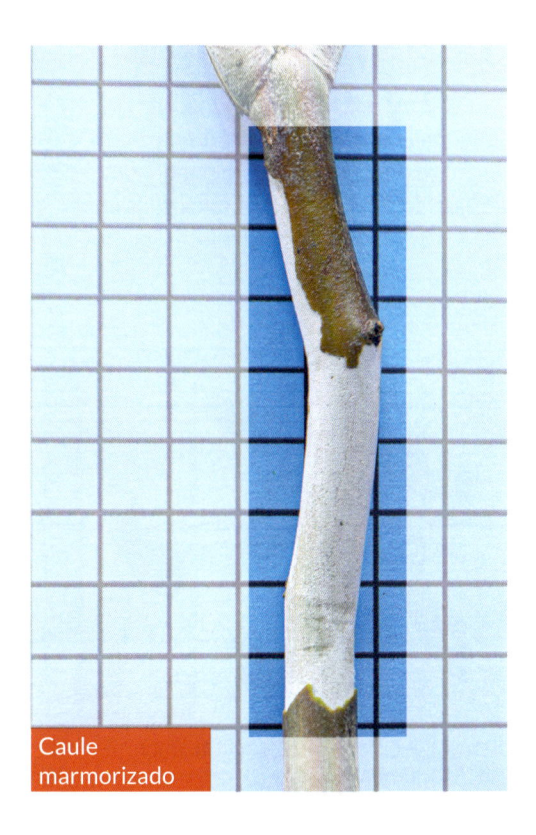

Caule marmorizado

Pontuações escuras no limbo

Libidibia ferrea
(Mart. ex Tul.) L.P. Queiroz

FABACEAE
Jucá

Produção de sementes e mudas

COLETA DE SEMENTES
Período: junho a agosto.
Técnica: coleta dos frutos de coloração marrom direto da árvore, com podão.
Altura média das matrizes: 6 a 10 m.

BENEFICIAMENTO
Técnica: esmagar ou cortar os frutos manualmente ou com equipamento apropriado, e separar as sementes manualmente, com auxílio de peneira.
Secagem: tolerante.
Armazenamento: > 1 ano.

SEMEADURA
Quebra de dormência: imersão em ácido sulfúrico concentrado por 1 hora.
Germinação esperada: 60% a 80%.
Tempo para emergência: < 15 dias.

PRODUÇÃO DE MUDAS
Tolerância à repicagem: alta.
Pragas e doenças: nada em particular.
Tempo de produção: 3 a 4 meses; *altura*: 20 a 30 cm; *diâmetro do colo*: > 3 mm.

Fruto: seco indeiscente, dispersão por animais.

Semente: ortodoxa, tegumento impermeável, 16.700 sementes/kg.

Face superior

Face inferior

0 1 2 3 cm

DETALHES MORFOLÓGICOS

Pontuações escuras na face inferior do limbo

Tricomas glandulares em ramos novos

Machaerium brasiliense Vogel

FABACEAE
Sapuva

Produção de sementes e mudas

COLETA DE SEMENTES
Período: agosto a outubro.
Técnica: coleta dos frutos de coloração marrom e já secos direto da árvore, com podão, quando outros frutos da mesma árvore já tiverem começado a cair.
Altura média das matrizes: 6 a 8 m.

BENEFICIAMENTO
Técnica: secar os frutos ao sol e remover as suas asas com tesoura ou esfregando-os em peneira.
Secagem: tolerante.
Armazenamento: < 1 ano.

SEMEADURA
Quebra de dormência: desnecessária.
Germinação esperada: 60% a 80%.
Tempo para emergência: 15 a 30 dias.

PRODUÇÃO DE MUDAS
Tolerância à repicagem: média.
Pragas e doenças: nada em particular.
Tempo de produção: 3 a 4 meses; *altura*: 15 a 20 cm; *diâmetro do colo*: > 3 mm.

Fruto: seco indeiscente, alado, dispersão pelo vento.

Semente: ortodoxa, sem dormência, 7.300 sementes/kg.

Face superior · Face inferior

0 1 2 3 cm

DETALHES MORFOLÓGICOS

Pilosidade em brotações

Estípula em brotações, com mudança brusca de coloração dos ramos

Microlobius foetidus (Jacq.) M. Sousa

FABACEAE
Pau-alho

Produção de sementes e mudas

COLETA DE SEMENTES
Período: setembro a novembro.
Técnica: coleta dos frutos de coloração marrom direto da árvore, com podão, quando outros frutos da mesma árvore já tiverem começado a se abrir.
Altura média das matrizes: 5 a 10 m.

BENEFICIAMENTO
Técnica: secar os frutos ao sol até a abertura espontânea e liberação das sementes, para posterior separação manual com auxílio de peneira.

Secagem: tolerante.
Armazenamento: > 1 ano.

SEMEADURA
Quebra de dormência: imersão em ácido sulfúrico concentrado por 5 minutos.
Germinação esperada: 60% a 70%.
Tempo para emergência: < 15 dias.

PRODUÇÃO DE MUDAS
Tolerância à repicagem: média.
Pragas e doenças: nada em particular.
Tempo de produção: 3 a 4 meses; *altura*: 20 a 30 cm; *diâmetro do colo*: > 3 mm.

Fruto: seco deiscente, dispersão pela gravidade.

Semente: ortodoxa, tegumento impermeável, 25.000 sementes/kg.

Face superior   Face inferior

0 1 2 3 cm

DETALHES MORFOLÓGICOS

Caule esbranquiçado, com lenticelas abundantes

Par de folhas em formato de pata de vaca

Mimosa caesalpiniifolia Benth.

FABACEAE
Sansão-do-campo

Produção de sementes e mudas

COLETA DE SEMENTES
Período: setembro a novembro.
Técnica: coleta dos frutos de coloração marrom direto da árvore, com podão, quando outros frutos da mesma árvore já tiverem começado a cair.
Altura média das matrizes: 5 a 10 m.

BENEFICIAMENTO
Técnica: secar os frutos ao sol e esfregá-los em uma peneira para a separação das sementes.
Secagem: tolerante.
Armazenamento: > 1 ano.

SEMEADURA
Quebra de dormência: desnecessária.
Germinação esperada: 80% a 100%.
Tempo para emergência: < 10 dias.

PRODUÇÃO DE MUDAS
Tolerância à repicagem: alta.
Pragas e doenças: nada em particular.
Tempo de produção: 3 a 4 meses; *altura*: 20 a 40 cm; *diâmetro do colo*: > 3 mm.

Fruto: seco indeiscente, dispersão pelo vento.

Semente: ortodoxa, sem dormência, 28.600 sementes/kg.

Face superior | Face inferior

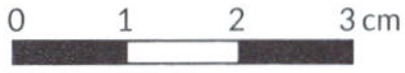

0 1 2 3 cm

DETALHES MORFOLÓGICOS

Acúleos e estípulas

Raque sulcada

Mimosa glutinosa
Malme

FABACEAE
Mimosa-barreiro

Produção de sementes e mudas

COLETA DE SEMENTES
Período: abril a junho.
Técnica: coleta dos frutos de coloração marrom direto da árvore, com podão, quando outros frutos da mesma árvore já tiverem começado a cair.
Altura média das matrizes: 5 a 8 m.

BENEFICIAMENTO
Técnica: secar os frutos ao sol e esfregá-los em uma peneira para a separação das sementes.
Secagem: tolerante.
Armazenamento: > 1 ano.

SEMEADURA
Quebra de dormência: imersão em ácido sulfúrico concentrado por 5 minutos.
Germinação esperada: 80% a 90%.
Tempo para emergência: < 15 dias.

PRODUÇÃO DE MUDAS
Tolerância à repicagem: alta.
Pragas e doenças: nada em particular.
Tempo de produção: 3 a 4 meses; *altura*: 20 a 30 cm; *diâmetro do colo*: > 3 mm.

Fruto: seco indeiscente, dispersão pelo vento.

Semente: ortodoxa, tegumento impermeável, 45.000 sementes/kg.

Face superior

Face inferior

0 1 2 3 cm

DETALHES MORFOLÓGICOS

Ramos escuros com grandes acúleos

Tricomas glandulares em ramos novos

Mimosa tenuiflora
(Willd.) Poiret

FABACEAE
Jurema

Produção de sementes e mudas

COLETA DE SEMENTES
Período: abril a junho.
Técnica: coleta dos frutos de coloração marrom direto da árvore, com podão, quando outros frutos da mesma árvore já tiverem começado a cair.
Altura média das matrizes: 5 a 8 m.

BENEFICIAMENTO
Técnica: secar os frutos ao sol e esfregá-los em uma peneira para separação das sementes.
Secagem: tolerante.
Armazenamento: > 1 ano.

SEMEADURA
Quebra de dormência: desnecessária.
Germinação esperada: 80% a 100%.
Tempo para emergência: < 15 dias.

PRODUÇÃO DE MUDAS
Tolerância à repicagem: alta.
Pragas e doenças: nada em particular.
Tempo de produção: 3 a 4 meses; *altura*: 20 a 30 cm; *diâmetro do colo*: > 3 mm.

Fruto: seco indeiscente, alado, dispersão pelo vento.

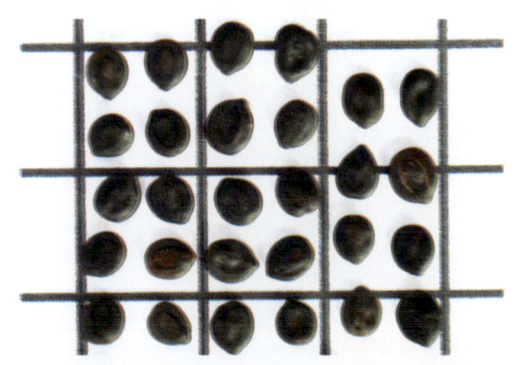

Semente: ortodoxa, tegumento impermeável, 94.000 sementes/kg.

Face superior   Face inferior

0   1   2   3 cm

DETALHES MORFOLÓGICOS

Ramos escuros com grandes acúleos

Tricomas glandulares em ramos novos

Parkia multijuga Benth.

FABACEAE
Tucupi

Produção de sementes e mudas

COLETA DE SEMENTES
Período: junho a agosto.
Técnica: coleta dos frutos de coloração preta direto da árvore, com podão.
Altura média das matrizes: 5 a 10 m.

BENEFICIAMENTO
Técnica: esmagar ou cortar os frutos manualmente ou com equipamento apropriado e separar as sementes manualmente, com o auxílio de peneira.
Secagem: tolerante.
Armazenamento: > 1 ano.

SEMEADURA
Quebra de dormência: escarificação mecânica.
Germinação esperada: 60% a 80%.
Tempo para emergência: < 15 dias.

PRODUÇÃO DE MUDAS
Tolerância à repicagem: média.
Pragas e doenças: nada em particular.
Tempo de produção: 3 a 4 meses; *altura*: 20 a 30 cm; *diâmetro do colo*: > 4 mm.

Fruto: seco indeiscente, dispersão pela gravidade.

Semente: ortodoxa, tegumento impermeável, 110 sementes/kg.

Face superior

Face inferior

0 1 2 3 cm

DETALHES MORFOLÓGICOS

Caule áspero e enegrecido

Glândulas na raque

Paubrasilia echinata (Lam.) Gagnon, H.C. Lima & G.P. Lewis

FABACEAE
Pau-brasil

Produção de sementes e mudas

COLETA DE SEMENTES
Período: novembro a janeiro.
Técnica: coleta dos frutos de coloração marrom e ainda fechados direto da árvore, com podão, quando outros frutos da mesma árvore já tiverem começado a se abrir.
Altura média das matrizes: 15 a 20 m.

BENEFICIAMENTO
Técnica: secar os frutos ao sol até a abertura espontânea e liberação das sementes, para posterior separação manual com auxílio de peneira.

Secagem: pouco tolerante.
Armazenamento: < 3 meses.

SEMEADURA
Quebra de dormência: desnecessária.
Germinação esperada: 60% a 80%.
Tempo para emergência: < 10 dias.

PRODUÇÃO DE MUDAS
Tolerância à repicagem: baixa.
Pragas e doenças: nada em particular.
Tempo de produção: 3 a 4 meses; *altura*: 20 a 30 cm; *diâmetro do colo*: > 3 mm.

Fruto: seco deiscente, abertura explosiva, dispersão pela gravidade.

Semente: intermediária, sem dormência, 3.100 sementes/kg.

Face superior   Face inferior

0   1   2   3 cm

DETALHES MORFOLÓGICOS

Acúleos nos ramos, lenticelas abundantes

Folíolos assimétricos, estipelas

Piptadenia trisperma (Vell.) Benth.

FABACEAE
Arranha-gato

Produção de sementes e mudas

COLETA DE SEMENTES
Período: agosto a outubro.
Técnica: coleta dos frutos de coloração marrom direto da árvore, com podão, quando outros frutos da mesma árvore já tiverem começado a cair.
Altura média das matrizes: 4 a 6 m.

BENEFICIAMENTO
Técnica: secar os frutos ao sol até a abertura espontânea e liberação das sementes, para posterior separação manual com auxílio de peneira.

Secagem: tolerante.
Armazenamento: > 1 ano.

SEMEADURA
Quebra de dormência: desnecessária.
Germinação esperada: 80% a 100%.
Tempo para emergência: < 10 dias.

PRODUÇÃO DE MUDAS
Tolerância à repicagem: alta.
Pragas e doenças: nada em particular.
Tempo de produção: 3 a 4 meses; *altura*: 20 a 30 cm; *diâmetro do colo*: > 3 mm.

Fruto: seco deiscente, dispersão pela gravidade.

Semente: ortodoxa, sem dormência, 37.500 sementes/kg.

Face superior

Face inferior

0 1 2 3 cm

DETALHES MORFOLÓGICOS

Acúleos no caule, glândula na base do pecíolo

Estípula

Poecilanthe ulei
(Harms) Arroyo & Rudd

FABACEAE
Carrancudo

Produção de sementes e mudas

COLETA DE SEMENTES
Período: outubro a dezembro.
Técnica: coleta dos frutos de coloração marrom e ainda fechados direto da árvore, com podão, quando outros frutos da mesma árvore já tiverem começado a se abrir.
Altura média das matrizes: 5 a 10 m.

BENEFICIAMENTO
Técnica: secar os frutos ao sol até a abertura espontânea e liberação das sementes, para posterior separação manual com auxílio de peneira.

Secagem: tolerante.
Armazenamento: < 6 meses.

SEMEADURA
Quebra de dormência: desnecessária.
Germinação esperada: 60% a 80%.
Tempo para emergência: < 15 dias.

PRODUÇÃO DE MUDAS
Tolerância à repicagem: baixa.
Pragas e doenças: nada em particular.
Tempo de produção: 5 a 6 meses; *altura*: 15 a 20 cm; *diâmetro do colo*: > 3 mm.

Fruto: seco deiscente, dispersão pela gravidade.

Semente: ortodoxa, sem dormência, 2.500 sementes/kg.

Face superior   Face inferior

0   1   2   3 cm

DETALHES MORFOLÓGICOS

Base dos folíolos voltada para dentro

Brotação recoberta por pilosidade ferrugínea, estípulas

Pterodon emarginatus Vog.

FABACEAE
Sucupira

Produção de sementes e mudas

COLETA DE SEMENTES
Período: junho a agosto.
Técnica: coleta dos frutos de coloração marrom e já secos direto da árvore, com podão, quando outros frutos da mesma árvore já tiverem começado a cair; secar os frutos à sombra e retirar mecanicamente a semente do fruto.
Altura média das matrizes: 10 a 15 m.

BENEFICIAMENTO
Técnica: secar os frutos à sombra e esfregá-los em peneira para a remoção das asas.

Secagem: tolerante.
Armazenamento: > 1 ano.

SEMEADURA
Quebra de dormência: desnecessária.
Germinação esperada: 60% a 80%.
Tempo para emergência: < 15 dias.

PRODUÇÃO DE MUDAS
Tolerância à repicagem: baixa.
Pragas e doenças: nada em particular.
Tempo de produção: 4 a 5 meses; *altura*: 15 a 20 cm; *diâmetro do colo*: > 2 mm.

Fruto: seco indeiscente, alado, dispersão pelo vento.

Semente: ortodoxa, sem dormência, 11.100 sementes/kg.

Face superior

Face inferior

0 1 2 3 cm

DETALHES MORFOLÓGICOS

Brotações com pilosidade esbranquiçada

Ápice dos folíolos voltada para dentro

Samanea tubulosa (Benth.) Barneby & Grimes

FABACEAE
Samaneiro

Produção de sementes e mudas

COLETA DE SEMENTES
Período: agosto a outubro.
Técnica: coleta dos frutos de coloração marrom direto da árvore, com podão, quando outros frutos da mesma árvore já tiverem começado a cair.
Altura média das matrizes: 8 a 12 m.

BENEFICIAMENTO
Técnica: esmagar ou cortar os frutos manualmente ou com equipamento apropriado, e separar as sementes manualmente, com auxílio de peneira.

Secagem: tolerante.
Armazenamento: > 1 ano.

SEMEADURA
Quebra de dormência: imersão em ácido sulfúrico concentrado por 5 minutos.
Germinação esperada: 60% a 80%.
Tempo para emergência: < 15 dias.

PRODUÇÃO DE MUDAS
Tolerância à repicagem: alta.
Pragas e doenças: nada em particular.
Tempo de produção: 3 a 4 meses; *altura*: 20 a 30 cm; *diâmetro do colo*: > 3 mm.

Fruto: seco indeiscente, dispersão por animais.

Semente: ortodoxa, tegumento impermeável, 4.400 sementes/kg.

Face superior

Face inferior

0 1 2 3 cm

DETALHES MORFOLÓGICOS

Caule corticento

Estipelas e glândula na base dos foliólulos

Schizolobium parahyba var. *amazonicum* Huber ex Ducke

FABACEAE
Paricá

Produção de sementes e mudas

COLETA DE SEMENTES
Período: julho a setembro.
Técnica: coleta dos frutos de coloração marrom e ainda fechados direto da árvore, com podão, quando outros frutos da mesma árvore já tiverem começado a cair.
Altura média das matrizes: > 25 m.

BENEFICIAMENTO
Técnica: secar os frutos ao sol até a abertura espontânea e liberação das sementes, para posterior separação manual com auxílio de peneira.

Secagem: tolerante.
Armazenamento: > 1 ano.

SEMEADURA
Quebra de dormência: escarificação mecânica em esmeril.
Germinação esperada: 60% a 80%.
Tempo para emergência: < 15 dias.

PRODUÇÃO DE MUDAS
Tolerância à repicagem: alta.
Pragas e doenças: nada em particular.
Tempo de produção: 3 a 4 meses; *altura*: 20 a 40 cm; *diâmetro do colo*: > 4 mm.

Fruto: seco deiscente, liberando sementes aladas, dispersão pelo vento.

Semente: ortodoxa, tegumento impermeável, 1.080 sementes/kg.

Face superior

Face inferior

0　1　2　3 cm

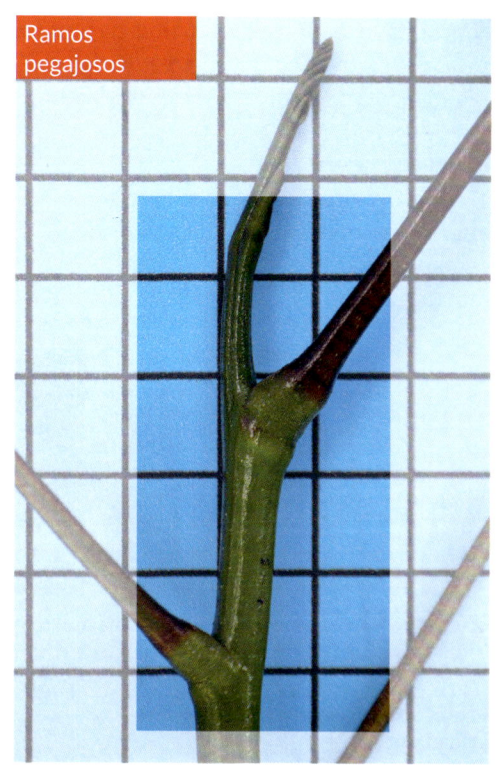

DETALHES MORFOLÓGICOS

Mudança brusca de coloração do caule, a partir de novas brotações

Ramos pegajosos

Senegalia tenuifolia (L.) Britton & Rose

FABACEAE
Monjolo

Produção de sementes e mudas

COLETA DE SEMENTES
Período: julho a setembro.
Técnica: coleta dos frutos de coloração marrom e ainda fechados direto da árvore, com podão, quando outros frutos da mesma árvore já tiverem começado a se abrir.
Altura média das matrizes: 5 a 10 m.

BENEFICIAMENTO
Técnica: secar os frutos ao sol até a abertura espontânea e liberação das sementes, para posterior separação manual com auxílio de peneira.

Secagem: tolerante.
Armazenamento: > 1 ano.

SEMEADURA
Quebra de dormência: desnecessária.
Germinação esperada: 80% a 90%.
Tempo para emergência: < 15 dias.

PRODUÇÃO DE MUDAS
Tolerância à repicagem: alta.
Pragas e doenças: nada em particular.
Tempo de produção: 3 a 4 meses; *altura*: 10 a 20 cm; *diâmetro do colo*: > 3 mm.

Fruto: seco deiscente, dispersão pela gravidade.

Semente: ortodoxa, sem dormência, 4.500 sementes/kg.

Face superior

Face inferior

0   1   2   3 cm

DETALHES MORFOLÓGICOS

Glândulas na raque

Prolongamento da raque

Senna spectabilis
(DC.) H.S. Irwin & Barneby

FABACEAE
São-João

Produção de sementes e mudas

COLETA DE SEMENTES
Período: agosto a outubro.
Técnica: coleta dos frutos de coloração preta direto da árvore, com podão.
Altura média das matrizes: 5 a 10 m.

BENEFICIAMENTO
Técnica: esmagar ou cortar os frutos manualmente ou com equipamento apropriado, e separar as sementes manualmente, com auxílio de peneira.
Secagem: tolerante.
Armazenamento: > 1 ano.

SEMEADURA
Quebra de dormência: imersão em ácido sulfúrico concentrado por 5 minutos.
Germinação esperada: 80% a 100%.
Tempo para emergência: < 10 dias.

PRODUÇÃO DE MUDAS
Tolerância à repicagem: alta.
Pragas e doenças: nada em particular.
Tempo de produção: 3 a 4 meses; *altura*: 20 a 40 cm; *diâmetro do colo*: > 3 mm.

Fruto: seco indeiscente, dispersão por animais.

Semente: ortodoxa, tegumento impermeável, 30.000 sementes/kg.

Face superior

Face inferior

0　1　2　3 cm

DETALHES MORFOLÓGICOS

Estípulas afiladas, caule sulcado

Raque sulcada e pilosa

Senna velutina
(Vogel) H.S. Irwin & Barneby

FABACEAE
Sena

Produção de sementes e mudas

COLETA DE SEMENTES
Período: janeiro a março.
Técnica: coleta dos frutos de coloração marrom direto da árvore, com podão, quando outros frutos da mesma árvore já tiverem começado a cair.
Altura média das matrizes: 4 a 8 m.

BENEFICIAMENTO
Técnica: secar os frutos ao sol até a abertura espontânea e liberação das sementes, para posterior separação manual com auxílio de peneira.

Secagem: tolerante.
Armazenamento: > 1 ano.

SEMEADURA
Quebra de dormência: imersão em ácido sulfúrico concentrado por 5 minutos.
Germinação esperada: 80% a 100%.
Tempo para emergência: < 10 dias.

PRODUÇÃO DE MUDAS
Tolerância à repicagem: alta.
Pragas e doenças: nada em particular.
Tempo de produção: 3 a 4 meses; *altura*: 20 a 40 cm; *diâmetro do colo*: > 3 mm.

Fruto: seco indeiscente, dispersão pela gravidade.

Semente: ortodoxa, tegumento impermeável, 90.000 sementes/kg.

Face superior

Face inferior

0 1 2 3 cm

DETALHES MORFOLÓGICOS

Brotações abundantes na axila dos ramos

Folhas pilosas

Stryphnodendron adstringens (Mart.) Coville

FABACEAE
Barbatimão

Produção de sementes e mudas

COLETA DE SEMENTES
Período: julho a setembro.
Técnica: coleta dos frutos de coloração marrom e ainda fechados direto da árvore, com podão, quando outros frutos da mesma árvore já tiverem começado a se abrir.
Altura média das matrizes: 5 a 8 m.

BENEFICIAMENTO
Técnica: secar os frutos ao sol até a abertura espontânea e liberação das sementes, para posterior separação manual com auxílio de peneira.

Fruto: seco indeiscente, dispersão por animais.

Secagem: tolerante.
Armazenamento: > 1 ano.

SEMEADURA
Quebra de dormência: imersão em ácido sulfúrico concentrado por 5 minutos.
Germinação esperada: 60% a 80%.
Tempo para emergência: < 15 dias.

PRODUÇÃO DE MUDAS
Tolerância à repicagem: baixa.
Pragas e doenças: nada em particular.
Tempo de produção: 3 a 4 meses; *altura*: 15 a 20 cm; *diâmetro do colo*: > 2 mm.

Semente: ortodoxa, tegumento impermeável, 9.540 sementes/kg.

Face superior · Face inferior

0 1 2 3 cm

DETALHES MORFOLÓGICOS

Caule corticento, com brotações abundantes

Folíolos arredondados

Swartzia langsdorffii
Raddi

FABACEAE
Pacova-de-macaco

Produção de sementes e mudas

COLETA DE SEMENTES
Período: fevereiro a abril.
Técnica: coleta dos frutos de coloração verde-amarelada e ainda fechados direto da árvore, com podão, quando outros frutos da mesma árvore já tiverem começado a se abrir, expondo as sementes com arilo laranja.
Altura média das matrizes: 10 a 15 m.

BENEFICIAMENTO
Técnica: secar os frutos ao sol até se abrirem de forma espontânea, separar as sementes manualmente e esfregá-las em peneira sob água corrente para a remoção do arilo.
Secagem: intolerante.
Armazenamento: > 1 ano.

SEMEADURA
Quebra de dormência: desnecessária.
Germinação esperada: 80% a 100%.
Tempo para emergência: < 15 dias.

PRODUÇÃO DE MUDAS
Tolerância à repicagem: baixa.
Pragas e doenças: nada em particular.
Tempo de produção: 4 a 5 meses; *altura*: 15 a 20 cm; *diâmetro do colo*: > 3 mm.

Fruto: seco deiscente, expondo sementes com arilo, dispersão por animais.

Semente: recalcitrante, sem dormência, 75 sementes/kg.

Face superior   Face inferior

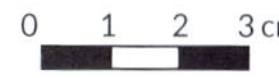

0 1 2 3 cm

DETALHES MORFOLÓGICOS

Estípulas

Raque alada

Tachigali multijuga Benth.

FABACEAE
Ingá-bravo

Produção de sementes e mudas

COLETA DE SEMENTES
Período: setembro a novembro.
Técnica: coleta dos frutos de coloração marrom direto da árvore, com podão, quando outros frutos da mesma árvore já tiverem começado a cair.
Altura média das matrizes: 10 a 20 m.

BENEFICIAMENTO
Técnica: secar os frutos à sombra e cortá-los manualmente para separar as sementes.
Secagem: tolerante.
Armazenamento: < 6 meses.

SEMEADURA
Quebra de dormência: desnecessária.
Germinação esperada: 40% a 60%.
Tempo para emergência: < 15 dias.

PRODUÇÃO DE MUDAS
Tolerância à repicagem: baixa.
Pragas e doenças: nada em particular.
Tempo de produção: 4 a 5 meses; *altura*: 15 a 25 cm; *diâmetro do colo*: > 2 mm.

Fruto: seco indeiscente, alado, dispersão pelo vento.

Semente: ortodoxa, sem dormência, 2.770 sementes/kg.

Face superior   Face inferior

0   1   2   3 cm

DETALHES MORFOLÓGICOS

Raque não alada

Folíolos opostos e assimétricos

Vachellia farnesiana
(L.) Wight & Arn.

FABACEAE
Aromita

Produção de sementes e mudas

COLETA DE SEMENTES
Período: setembro a novembro.
Técnica: coleta dos frutos de coloração marrom direto da árvore, com podão, quando outros frutos da mesma árvore já tiverem começado a cair.
Altura média das matrizes: < 7 m.

BENEFICIAMENTO
Técnica: esmagar os frutos manualmente ou com equipamento apropriado, e separar as sementes manualmente, com auxílio de peneira.

Secagem: tolerante.
Armazenamento: > 1 ano.

SEMEADURA
Quebra de dormência: imersão em ácido sulfúrico concentrado por 5 minutos.
Germinação esperada: 60% a 80%.
Tempo para emergência: 30 a 60 dias.

PRODUÇÃO DE MUDAS
Tolerância à repicagem: média.
Pragas e doenças: nada em particular.
Tempo de produção: 3 a 4 meses; *altura*: 20 a 30 cm; *diâmetro do colo*: > 3 mm.

Fruto: seco indeiscente, dispersão por animais.

Semente: ortodoxa, tegumento impermeável, 11.500 sementes/kg.

Face superior Face inferior

0　　　1　　　2　　　3 cm

DETALHES MORFOLÓGICOS

Par de espinhos na base da folha

Caule marrom com lenticelas abundantes

Vatairea macrocarpa (Benth.)

FABACEAE
Angelim-do-cerrado

Produção de sementes e mudas

COLETA DE SEMENTES
Período: outubro a dezembro.
Técnica: coleta dos frutos de coloração marrom direto da árvore, com podão, quando outros frutos da mesma árvore já tiverem começado a cair.
Altura média das matrizes: 8 a 12 m.

BENEFICIAMENTO
Técnica: secar os frutos ao sol e cortar as asas com tesoura.
Secagem: tolerante.
Armazenamento: < 3 meses.

SEMEADURA
Quebra de dormência: desnecessária.
Germinação esperada: 40% a 60%.
Tempo para emergência: < 15 dias.

PRODUÇÃO DE MUDAS
Tolerância à repicagem: média.
Pragas e doenças: nada em particular.
Tempo de produção: 3 a 4 meses; *altura*: 20 a 30 cm; *diâmetro do colo*: > 3 mm.

Fruto: seco indeiscente, alado, dispersão pelo vento.

Semente: ortodoxa, sem dormência, 1.100 sementes/kg.

Face superior

Face inferior

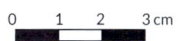

0 1 2 3 cm

DETALHES MORFOLÓGICOS

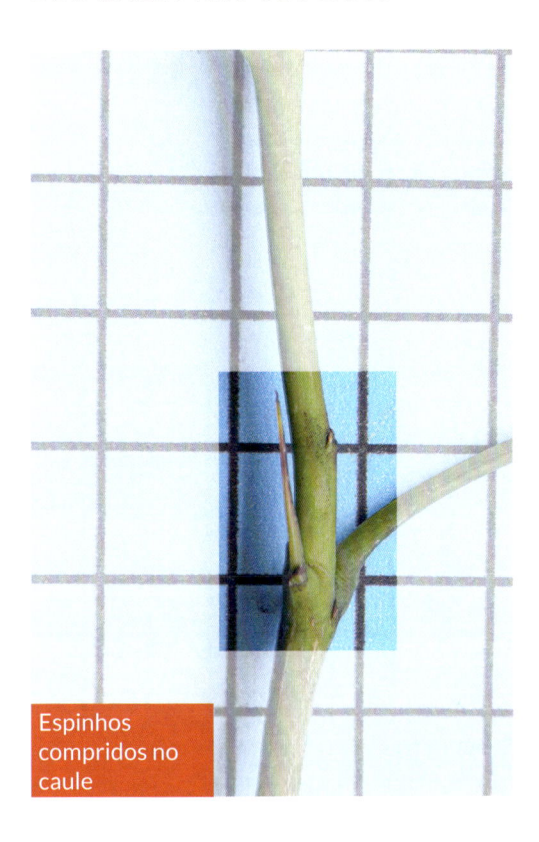

Espinhos compridos no caule

Nervura marginal saliente, com pequenos espinhos

Endlicheria paniculata (Spreng.) J.F. Macbr.

LAURACEAE
Canela-frade

Produção de sementes e mudas

COLETA DE SEMENTES
Período: março a maio.
Técnica: coleta dos frutos de coloração amarela direto da árvore, com podão, quando outros frutos da mesma árvore já tiverem começado a cair.
Altura média das matrizes: 8 a 10 m.

BENEFICIAMENTO
Técnica: esfregar os frutos em peneira sob água corrente para a remoção da polpa e separação das sementes.
Secagem: intolerante.
Armazenamento: < 1 mês.

SEMEADURA
Quebra de dormência: desnecessária.
Germinação esperada: 60% a 80%.
Tempo para emergência: 15 a 30 dias.

PRODUÇÃO DE MUDAS
Tolerância à repicagem: baixa.
Pragas e doenças: nada em particular.
Tempo de produção: 3 a 4 meses; *altura*: 15 a 20 cm; *diâmetro do colo*: > 4 mm.

Fruto: carnoso, dispersão por animais.

Semente: recalcitrante, sem dormência, 550 sementes/kg.

Face superior   Face inferior

0 1 2 3 cm

DETALHES MORFOLÓGICOS

Nervuras salientes

Pilosidade abundante na face inferior das folhas

Nectandra lanceolata
Nees

LAURACEAE
Canela-do-mato

Produção de sementes e mudas

COLETA DE SEMENTES
Período: dezembro a fevereiro.
Técnica: coleta dos frutos de coloração verde passando para o preto direto da árvore, com podão, quando outros frutos da mesma árvore já tiverem começado a cair.
Altura média das matrizes: 10 a 15 m.

BENEFICIAMENTO
Técnica: esfregar os frutos em peneira sob água corrente para a remoção da polpa e separação das sementes.
Secagem: intolerante.
Armazenamento: < 1 mês.

SEMEADURA
Quebra de dormência: desnecessária.
Germinação esperada: 60% a 80%.
Tempo para emergência: 15 a 30 dias.

PRODUÇÃO DE MUDAS
Tolerância à repicagem: baixa.
Pragas e doenças: nada em particular.
Tempo de produção: 3 a 4 meses; *altura*: 15 a 20 cm; *diâmetro do colo*: > 4 mm.

Fruto: carnoso, dispersão por animais.

Semente: recalcitrante, sem dormência, 1.300 sementes/kg.

Face superior

Face inferior

0 1 2 3 cm

DETALHES MORFOLÓGICOS

Nervura central saliente

Brotações arroxeadas

Ocotea corymbosa
(Meisn.) Mez.

LAURACEAE
Canela-pimenta

Produção de sementes e mudas

COLETA DE SEMENTES
Período: dezembro a fevereiro.
Técnica: coleta dos frutos de coloração verde passando para o preto direto da árvore, com podão, quando outros frutos da mesma árvore já tiverem começado a cair.
Altura média das matrizes: 10 a 15 m.

BENEFICIAMENTO
Técnica: esfregar os frutos em peneira sob água corrente para a remoção da polpa e separação das sementes.
Secagem: intolerante.
Armazenamento: < 1 semana.

SEMEADURA
Quebra de dormência: desnecessária.
Germinação esperada: 60% a 80%.
Tempo para emergência: 15 a 30 dias.

PRODUÇÃO DE MUDAS
Tolerância à repicagem: baixa.
Pragas e doenças: cochonilha.
Tempo de produção: 5 a 6 meses; *altura*: 20 a 30 cm; *diâmetro do colo*: > 3 mm.

Fruto: carnoso, dispersão por animais.

Semente: recalcitrante, sem dormência, 7.200 sementes/kg.

Face superior

Face inferior

0　1　2　3 cm

DETALHES MORFOLÓGICOS

Caule verde-escuro e brilhante, pecíolos arroxeados

Brotações avermelhadas

Ocotea pulchella
(Nees & Mart.) Mez.

LAURACEAE
Canela-lageado

Produção de sementes e mudas

COLETA DE SEMENTES
Período: agosto a outubro.
Técnica: coleta dos frutos de coloração verde passando para o preto direto da árvore, com podão, quando outros frutos da mesma árvore já tiverem começado a cair.
Altura média das matrizes: 10 a 15 m.

BENEFICIAMENTO
Técnica: esfregar os frutos em peneira sob água corrente para a remoção da polpa e separação das sementes.
Secagem: intolerante.
Armazenamento: < 1 mês.

SEMEADURA
Quebra de dormência: desnecessária.
Germinação esperada: 60% a 80%.
Tempo para emergência: 15 a 30 dias.

PRODUÇÃO DE MUDAS
Tolerância à repicagem: baixa.
Pragas e doenças: cochonilha.
Tempo de produção: 5 a 6 meses; *altura*: 20 a 30 cm; *diâmetro do colo*: > 3 mm.

Fruto: carnoso, dispersão por animais.

Semente: recalcitrante, sem dormência, 7.150 sementes/kg.

Face superior   Face inferior

0   1   2   3 cm

DETALHES MORFOLÓGICOS

Nervura central saliente, pecíolos novos arroxeados

Pilosidade abundante na face inferior da folha

Ocotea velutina
(Nees) Rohwer

LAURACEAE
Canelão-amarelo

Produção de sementes e mudas

COLETA DE SEMENTES
Período: dezembro a fevereiro.
Técnica: coleta dos frutos de coloração verde passando para o preto direto da árvore, com podão, quando outros frutos da mesma árvore já tiverem começado a cair.
Altura média das matrizes: 8 a 12 m.

BENEFICIAMENTO
Técnica: esfregar os frutos em peneira sob água corrente para a remoção da polpa e separação das sementes.
Secagem: intolerante.
Armazenamento: < 1 semana.

SEMEADURA
Quebra de dormência: desnecessária.
Germinação esperada: 60% a 80%.
Tempo para emergência: 15 a 30 dias.

PRODUÇÃO DE MUDAS
Tolerância à repicagem: baixa.
Pragas e doenças: cochorilha.
Tempo de produção: 5 a 6 meses; *altura*: 20 a 30 cm; *diâmetro do colo*: > 3 mm.

Fruto: carnoso, dispersão por animais.

Semente: recalcitrante, sem dormência, 2.900 sementes/kg.

Face superior

Face inferior

0 1 2 3 cm

DETALHES MORFOLÓGICOS

Gemas recobertas por pilosidade ferrugínea

Pilosidade abundante na face inferior das folhas

Persea willdenovii Kosterm.

LAURACEAE
Canela-rosa

Produção de sementes e mudas

COLETA DE SEMENTES
Período: fevereiro a abril.
Técnica: coleta dos frutos de coloração verde-escura direto da árvore, com podão, quando outros frutos da mesma árvore já tiverem começado a cair. Como os frutos permanecem esverdeados até o final da maturação, deve-se ter especial atenção para coletá-los apenas quando as sementes já estiverem bem "granadas".
Altura média das matrizes: 10 a 15 m.

BENEFICIAMENTO
Técnica: esfregar os frutos em peneira sob água corrente para a remoção da polpa e separação das sementes.

Secagem: intolerante.
Armazenamento: < 1 mês.

SEMEADURA
Quebra de dormência: desnecessária.
Germinação esperada: 60% a 80%.
Tempo para emergência: 15 a 30 dias.

PRODUÇÃO DE MUDAS
Tolerância à repicagem: baixa.
Pragas e doenças: nada em particular.
Tempo de produção: 3 a 4 meses; *altura*: 20 a 30 cm; *diâmetro do colo*: > 3 mm.

Fruto: carnoso, dispersão por animais.

Semente: recalcitrante, sem dormência, 6.700 sementes/kg.

Face superior

Face inferior

0 1 2 3 cm

DETALHES MORFOLÓGICOS

Ramos novos arroxeados

Nervura central saliente

Couroupita guianensis Aubl.

LECYTHIDACEAE
Abricó-de-macaco

Produção de sementes e mudas

COLETA DE SEMENTES
Período: dezembro a fevereiro.
Técnica: coleta dos frutos de coloração marrom direto da árvore, com podão, quando outros frutos da mesma árvore já tiverem começado a cair.
Altura média das matrizes: 15 a 25 m.

BENEFICIAMENTO
Técnica: abrir manualmente os frutos e esfregar a polpa em peneira sob água corrente para removê-la e separar as sementes.

Secagem: pouco tolerante.
Armazenamento: < 3 meses.

SEMEADURA
Quebra de dormência: desnecessária.
Germinação esperada: 60% a 80%.
Tempo para emergência: < 15 dias.

PRODUÇÃO DE MUDAS
Tolerância à repicagem: alta.
Pragas e doenças: nada em particular.
Tempo de produção: 3 a 4 meses; *altura*: 20 a 30 cm; *diâmetro do colo*: > 3 mm.

Fruto: carnoso, dispersão por animais.

Semente: intermediária, sem dormência, 2.500 sementes/kg.

Face superior

Face inferior

0　1　2　3 cm

DETALHES MORFOLÓGICOS

Folhas novas enroladas e alongadas

Caule descamante

Gustavia augusta L.

LECYTHIDACEAE
Jeniparana

Produção de sementes e mudas

COLETA DE SEMENTES
Período: setembro a novembro.
Técnica: coleta dos frutos de coloração marrom e ainda fechados direto da árvore, com podão, quando outros frutos da mesma árvore já tiverem começado a se abrir.
Altura média das matrizes: 5 a 10 m.

BENEFICIAMENTO
Técnica: secar os frutos à sombra até se abrirem de forma espontânea, separar as sementes manualmente e esfregá-las em peneira sob água corrente para a remoção do arilo.

Secagem: pouco tolerante.
Armazenamento: < 1 mês.

SEMEADURA
Quebra de dormência: desnecessária.
Germinação esperada: 60% a 80%.
Tempo para emergência: 15 a 30 dias.

PRODUÇÃO DE MUDAS
Tolerância à repicagem: alta.
Pragas e doenças: nada em particular.
Tempo de produção: 3 a 4 meses; *altura*: 15 a 30 cm; *diâmetro do colo*: > 4 mm.

Fruto: seco deiscente, expondo sementes com arilo, dispersão por animais.

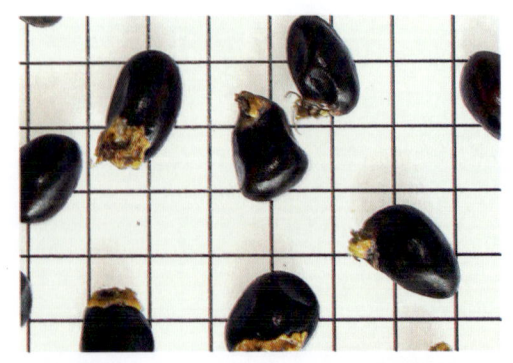

Semente: intermediária, sem dormência, 860 sementes/kg.

Face superior   Face inferior

0   1   2   3 cm

DETALHES MORFOLÓGICOS

Estípulas em ramos novos

Brotações avermelhadas

Lecythis pisonis
Camb.

LECYTHIDACEAE
Sapucaia

Produção de sementes e mudas

COLETA DE SEMENTES
Período: julho a setembro.
Técnica: coleta dos frutos de coloração marrom e ainda fechados direto da árvore, com podão, quando outros frutos da mesma árvore já tiverem começado a se abrir.
Altura média das matrizes: 10 a 15 m.

BENEFICIAMENTO
Técnica: secar os frutos ao sol até a abertura espontânea e liberação das sementes, para posterior separação manual com auxílio de peneira.

Secagem: tolerante.
Armazenamento: < 6 meses.

SEMEADURA
Quebra de dormência: escarificação mecânica em esmeril.
Germinação esperada: 60% a 80%.
Tempo para emergência: 15 a 30 dias.

PRODUÇÃO DE MUDAS
Tolerância à repicagem: baixa.
Pragas e doenças: nada em particular.
Tempo de produção: 4 a 5 meses; *altura*: 20 a 30 cm; *diâmetro do colo*: > 3 mm.

Fruto: seco deiscente, expondo sementes com arilo, dispersão por animais.

Semente: ortodoxa, tegumento impermeável, 270 sementes/kg.

Face superior

Face inferior

0　1　2　3 cm

DETALHES MORFOLÓGICOS

Ramos com estrias salientes

Ramos novos em zigue-zague

Strychnos brasiliensis Mart.

LOGANIACEAE
Salta-martim

Produção de sementes e mudas

COLETA DE SEMENTES
Período: janeiro a março.
Técnica: coleta dos frutos de coloração alaranjada direto da árvore, com podão.
Altura média das matrizes: 4 a 5 m.

BENEFICIAMENTO
Técnica: esfregar os frutos em peneira sob água corrente para a remoção da polpa e separação das sementes.
Secagem: intolerante.
Armazenamento: < 1 mês.

SEMEADURA
Quebra de dormência: desnecessária.
Germinação esperada: 40% a 60%.
Tempo para emergência: 15 a 30 dias.

PRODUÇÃO DE MUDAS
Tolerância à repicagem: alta.
Pragas e doenças: nada em particular.
Tempo de produção: 4 a 5 meses; *altura*: 15 a 20 cm; *diâmetro do colo*: > 3 mm.

Fruto: carnoso, dispersão por animais.

Semente: recalcitrante, sem dormência, 1.050 sementes/kg.

Face superior   Face inferior

0   1   2   3 cm

DETALHES MORFOLÓGICOS

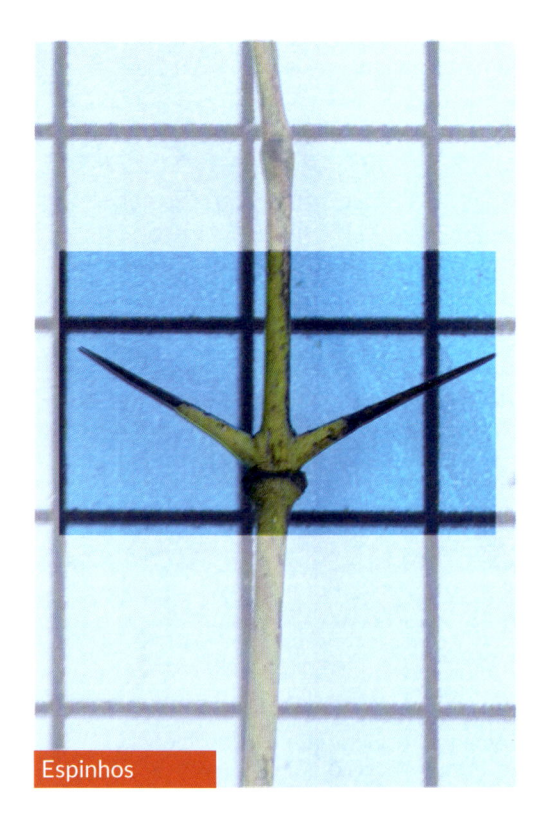

Espinhos

Três nervuras saindo da base do limbo

Strychnos parvifolia A.DC.

LOGANIACEAE
Laranjinha-do-campo

Produção de sementes e mudas

COLETA DE SEMENTES
Período: abril a junho.
Técnica: coleta dos frutos de coloração alaranjada direto da árvore, com podão.
Altura média das matrizes: 5 a 8 m.

BENEFICIAMENTO
Técnica: esfregar os frutos em peneira sob água corrente para a remoção da polpa e separação das sementes.
Secagem: pouco tolerante.
Armazenamento: < 1 mês.

SEMEADURA
Quebra de dormência: desnecessária.
Germinação esperada: 40% a 60%.
Tempo para emergência: 15 a 30 dias.

PRODUÇÃO DE MUDAS
Tolerância à repicagem: baixa.
Pragas e doenças: nada em particular.
Tempo de produção: 4 a 5 meses; *altura*: 15 a 20 cm; *diâmetro do colo*: > 3 mm.

Fruto: carnoso, dispersão por animais.

Semente: recalcitrante, sem dormência, 3.800 sementes/kg.

Face superior

Face inferior

0 1 2 3 cm

DETALHES MORFOLÓGICOS

Pilosidade em folhas e ramos novos

Três nervuras saindo da base da folha

Physocalymma scaberrimum Pohl

LYTHRACEAE
Pau-rosa

Produção de sementes e mudas

COLETA DE SEMENTES
Período: setembro a novembro.
Técnica: coleta dos frutos de coloração vermelho-escura direto da árvore, com podão, quando outros frutos da mesma árvore já tiverem começado a se abrir.
Altura média das matrizes: 5 a 8 m.

BENEFICIAMENTO
Técnica: secar os frutos ao sol e esfregá-los em uma peneira para a separação das sementes.

Secagem: tolerante.
Armazenamento: < 1 ano.

SEMEADURA
Quebra de dormência: desnecessária.
Germinação esperada: 60% a 80%.
Tempo para emergência: 15 a 30 dias.

PRODUÇÃO DE MUDAS
Tolerância à repicagem: alta.
Pragas e doenças: nada em particular.
Tempo de produção: 3 a 4 meses; *altura*: 15 a 30 cm; *diâmetro do colo*: > 3 mm.

Fruto: seco deiscente, liberando sementes aladas, dispersão pelo vento.

Semente: ortodoxa, sem dormência, 1.650.000 sementes/kg.

Face superior

Face inferior

0　1　2　3 cm

DETALHES MORFOLÓGICOS

Brotações róseas, folhas ásperas

Pilosidade abundante em brotações

Byrsonima crassifolia (L.) Kunth

MALPIGHIACEAE
Murici-gigante

Produção de sementes e mudas

COLETA DE SEMENTES
Período: março a maio.
Técnica: coleta dos frutos de coloração amarela direto da árvore, com podão.
Altura média das matrizes: 5 a 10 m.

BENEFICIAMENTO
Técnica: esfregar os frutos em peneira sob água corrente para a remoção da polpa e separação das sementes.
Secagem: tolerante.
Armazenamento: < 6 meses.

SEMEADURA
Quebra de dormência: escarificação mecânica em esmeril.
Germinação esperada: 40% a 60%.
Tempo para emergência: 30 a 45 dias.

PRODUÇÃO DE MUDAS
Tolerância à repicagem: média.
Pragas e doenças: nada em particular.
Tempo de produção: 3 a 4 meses; *altura*: 15 a 30 cm; *diâmetro do colo*: > 3 mm.

Fruto: carnoso, dispersão por animais.

Semente: ortodoxa, tegumento impermeável, 3.300 sementes/kg.

Face superior

Face inferior

0 1 2 3 cm

DETALHES MORFOLÓGICOS

Folhas discolores, com nervura central saliente

Caule escuro com fissuras, estípula interpeciolar

Lophantera lactescens Ducke

MALPIGHIACEAE
Lofantera

Produção de sementes e mudas

COLETA DE SEMENTES
Período: setembro a novembro.
Técnica: coleta dos frutos de coloração marrom direto da árvore, com podão, quando outros frutos da mesma árvore já tiverem começado a se abrir.
Altura média das matrizes: 10 a 12 m.

BENEFICIAMENTO
Técnica: secar os frutos ao sol até a abertura espontânea e liberação das sementes, para posterior separação manual com auxílio de peneira.

Secagem: tolerante.
Armazenamento: < 3 meses.

SEMEADURA
Quebra de dormência: desnecessária.
Germinação esperada: 60% a 80%.
Tempo para emergência: 15 a 30 dias.

PRODUÇÃO DE MUDAS
Tolerância à repicagem: alta.
Pragas e doenças: nada em particular.
Tempo de produção: 3 a 4 meses; *altura*: 15 a 30 cm; *diâmetro do colo*: > 3 mm.

Fruto: seco deiscente, dispersão pela gravidade.

Semente: ortodoxa, sem dormência, 65.900 sementes/kg.

Face superior

Face inferior

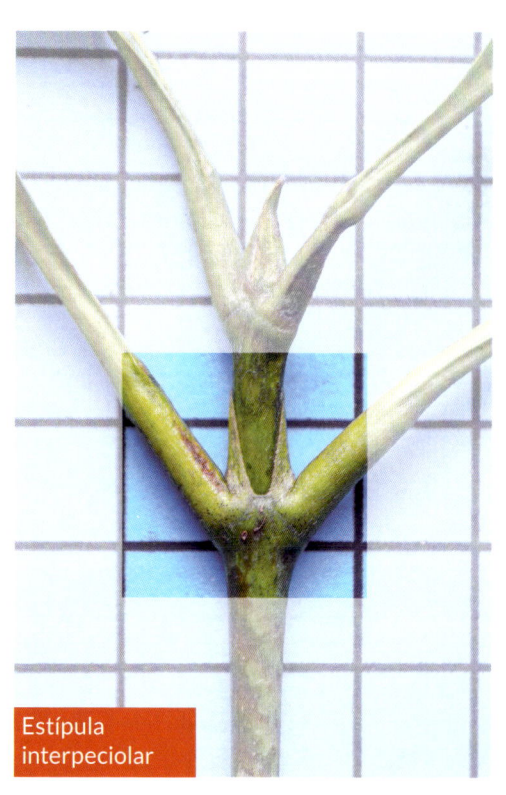

0 1 2 3 cm

DETALHES MORFOLÓGICOS

Látex

Estípula interpeciolar

Ceiba glaziovii
(Kuntze) E. Santos

MALVACEAE
Paineira-branca

Produção de sementes e mudas

COLETA DE SEMENTES
Período: agosto a outubro.
Técnica: coleta dos frutos ainda fechados direto da árvore, com podão, quando outros frutos da mesma árvore já tiverem começado a se abrir.
Altura média das matrizes: 10 a 15 m.

BENEFICIAMENTO
Técnica: secar os frutos ao sol até a abertura espontânea e separar a paina das sementes manualmente, com auxílio de peneira.
Secagem: tolerante.
Armazenamento: > 1 ano.

SEMEADURA
Quebra de dormência: desnecessária.
Germinação esperada: 80% a 100%.
Tempo para emergência: < 15 dias.

PRODUÇÃO DE MUDAS
Tolerância à repicagem: alta.
Pragas e doenças: cochonilha.
Tempo de produção: 3 a 4 meses; *altura*: 20 a 30 cm; *diâmetro do colo*: > 5 mm.

Fruto: seco deiscente, liberando sementes com paina, dispersão pelo vento.

Semente: ortodoxa, sem dormência, 5.500 sementes/kg.

Face superior

Face inferior

0 1 2 3 cm

DETALHES MORFOLÓGICOS

Caule com acúleos

Pecíolos róseos em folhas novas

Ceiba pentandra
(L.) Gaerth

MALVACEAE
Sumaúma

Produção de sementes e mudas

COLETA DE SEMENTES
Período: agosto a outubro.
Técnica: coleta dos frutos ainda fechados direto da árvore, com podão, quando outros frutos da mesma árvore já tiverem começado a se abrir.
Altura média das matrizes: 20 a 25 m.

BENEFICIAMENTO
Técnica: secar os frutos ao sol até a abertura espontânea e separar a paina das sementes manualmente, com auxílio de peneira.
Secagem: tolerante.
Armazenamento: > 1 ano.

SEMEADURA
Quebra de dormência: desnecessária.
Germinação esperada: 80% a 100%.
Tempo para emergência: < 15 dias.

PRODUÇÃO DE MUDAS
Tolerância à repicagem: alta.
Pragas e doenças: nada em particular.
Tempo de produção: 2 a 4 meses; *altura*: 19 a 30 cm; *diâmetro do colo*: > 5 mm.

Fruto: seco deiscente, liberando sementes com paina, dispersão pelo vento.

Semente: ortodoxa, sem dormência, 7.300 sementes/kg.

Face superior Face inferior

0 1 2 3 cm

DETALHES MORFOLÓGICOS

Caule sem acúleos

Estípulas em brotações

Eriotheca gracilipes
(K. Schum.) A. Robyns

MALVACEAE
Paineira-do-cerrado

Produção de sementes e mudas

COLETA DE SEMENTES
Período: setembro a novembro.
Técnica: coleta dos frutos de coloração marrom e ainda fechados direto da árvore, com podão, quando outros frutos da mesma árvore já tiverem começado a se abrir.
Altura média das matrizes: 5 a 8 m.

BENEFICIAMENTO
Técnica: secar os frutos ao sol até a abertura espontânea e liberação das sementes, para posterior separação manual com auxílio de peneira.

Secagem: tolerante.
Armazenamento: < 1 ano.

SEMEADURA
Quebra de dormência: desnecessária.
Germinação esperada: 60% a 80%.
Tempo para emergência: < 15 dias.

PRODUÇÃO DE MUDAS
Tolerância à repicagem: alta.
Pragas e doenças: nada em particular.
Tempo de produção: 3 a 4 meses; *altura*: 15 a 20 cm; *diâmetro do colo*: > 4 mm.

Fruto: seco deiscente, liberando sementes com paina, dispersão pelo vento.

Semente: ortodoxa, sem dormência, 6.500 sementes/kg.

Face superior

Face inferior

0   1   2   3 cm

DETALHES MORFOLÓGICOS

Estípulas, pecíolos engrossados e arroxeados

Folhas discolores e simples quando novas

Eriotheca pubescens (Mart. & Zucc.) Schott & Endl.

MALVACEAE
Paineira-do-campo

Produção de sementes e mudas

COLETA DE SEMENTES
Período: setembro a novembro.
Técnica: coleta dos frutos de coloração verde e ainda fechados direto da árvore, com podão, quando outros frutos da mesma árvore já tiverem começado a se abrir.
Altura média das matrizes: < 5 m.

BENEFICIAMENTO
Técnica: secar os frutos ao sol até a abertura espontânea e liberação das sementes, para posterior separação manual com auxílio de peneira.

Secagem: tolerante.
Armazenamento: < 1 ano.

SEMEADURA
Quebra de dormência: desnecessária.
Germinação esperada: 60% a 80%.
Tempo para emergência: < 15 dias.

PRODUÇÃO DE MUDAS
Tolerância à repicagem: alta.
Pragas e doenças: nada em particular.
Tempo de produção: 5 a 6 meses; *altura*: 15 a 20 cm; *diâmetro do colo*: > 4 mm.

Fruto: seco deiscente, liberando sementes com paina, dispersão pelo vento.

Semente: ortodoxa, sem dormência, 8.300 sementes/kg.

Face superior

Face inferior

0　1　2　3 cm

DETALHES MORFOLÓGICOS

Estípulas

Engrossamento da base do pecíolo, folhas simples quando novas

Guazuma crinita Mart.

MALVACEAE
Mutambo-algodão

Produção de sementes e mudas

COLETA DE SEMENTES
Período: agosto a outubro.
Técnica: coleta dos frutos de coloração preta do chão ou direto da árvore, com podão, quando outros frutos da mesma árvore já tiverem começado a se abrir e cair.
Altura média das matrizes: 8 a 12 m.

BENEFICIAMENTO
Técnica: secar os frutos ao sol e esfregá-los em uma peneira para a separação das sementes.
Secagem: tolerante.
Armazenamento: > 1 ano.

SEMEADURA
Quebra de dormência: imersão em ácido sulfúrico concentrado por 30 minutos.
Germinação esperada: 60% a 80%.
Tempo para emergência: < 15 dias.

PRODUÇÃO DE MUDAS
Tolerância à repicagem: alta.
Pragas e doenças: nada em particular.
Tempo de produção: 3 a 4 meses; *altura*: 20 a 30 cm; *diâmetro do colo*: > 3 mm.

Fruto: seco indeiscente, alado, dispersão pelo vento.

Semente: ortodoxa, tegumento impermeável, 5.800 sementes/kg.

Face superior

Face inferior

0 1 2 3 cm

DETALHES MORFOLÓGICOS

Estípulas

Nervuras saindo juntas da base da folha, bordo serreado

Helicteres brevispira
A. St.-Hil.

MALVACEAE
Rosca

Produção de sementes e mudas

COLETA DE SEMENTES
Período: março a maio.
Técnica: coleta dos frutos de coloração marrom e ainda fechados direto da árvore, com podão, quando outros frutos da mesma árvore já tiverem começado a se abrir.
Altura média das matrizes: 5 a 10 m.

BENEFICIAMENTO
Técnica: secar os frutos ao sol até a abertura espontânea e liberação das sementes, para posterior separação manual com auxílio de peneira.

Secagem: tolerante.
Armazenamento: > 1 ano.

SEMEADURA
Quebra de dormência: desnecessária.
Germinação esperada: 60% a 80%.
Tempo para emergência: < 15 dias.

PRODUÇÃO DE MUDAS
Tolerância à repicagem: alta.
Pragas e doenças: nada em particular.
Tempo de produção: 3 a 4 meses; *altura*: 20 a 30 cm; *diâmetro do colo*: > 3 mm.

Fruto: seco deiscente, dispersão pela gravidade.

Semente: ortodoxa, sem dormência, 435.000 sementes/kg.

Face superior

Face inferior

0　1　2　3 cm

DETALHES MORFOLÓGICOS

Estípulas afiladas

Pilosidade abundante em folhas e ramos

Luehea paniculata
Mart. & Zucc.

MALVACEAE
Açoita-miúda

Produção de sementes e mudas

COLETA DE SEMENTES
Período: junho a agosto.
Técnica: coleta dos frutos de coloração marrom e ainda fechados direto da árvore, com podão, quando outros frutos da mesma árvore já tiverem começado a se abrir. Outra opção, mais recomendada, é forrar o chão ao redor da árvore com uma lona e balançar os galhos no horário mais quente do dia, desde que não esteja ventando, para que as sementes sejam recolhidas.
Altura média das matrizes: 5 a 10 m.

BENEFICIAMENTO
Técnica: secar os frutos ao sol até a abertura espontânea e liberação das sementes, para posterior separação manual com auxílio de peneira.

Secagem: tolerante.
Armazenamento: > 1 ano.

SEMEADURA
Quebra de dormência: imersão em ácido sulfúrico concentrado por 5 minutos.
Germinação esperada: 60% a 80%.
Tempo para emergência: < 15 dias.

PRODUÇÃO DE MUDAS
Tolerância à repicagem: média.
Pragas e doenças: nada em particular.
Tempo de produção: 4 a 5 meses; *altura*: 20 a 30 cm; *diâmetro do colo*: > 3 mm.

Fruto: seco deiscente, liberando sementes aladas, dispersão pelo vento.

Semente: ortodoxa, tegumento impermeável, 315.000 sementes/kg.

Face superior

Face inferior

0 1 2 3 cm

DETALHES MORFOLÓGICOS

Borda serreada e três nervuras salientes saindo da base do limbo

Estípulas e pilosidade no caule

Ochroma pyramidale (Cav. ex Lam.) Urb.

MALVACEAE
Pau-de-balsa

Produção de sementes e mudas

COLETA DE SEMENTES
Período: setembro a novembro.
Técnica: coleta dos frutos de coloração marrom e ainda fechados direto da árvore, com podão, quando outros frutos da mesma árvore já tiverem começado a se abrir.
Altura média das matrizes: 10 a 15 m.

BENEFICIAMENTO
Técnica: secar os frutos ao sol até a abertura espontânea e liberação das sementes, para posterior separação manual com auxílio de peneira.

Secagem: tolerante.
Armazenamento: < 1 ano.

SEMEADURA
Quebra de dormência: desnecessária.
Germinação esperada: 60% a 80%.
Tempo para emergência: 15 a 30 dias.

PRODUÇÃO DE MUDAS
Tolerância à repicagem: alta.
Pragas e doenças: nada em particular.
Tempo de produção: 3 a 4 meses; *altura*: 15 a 20 cm; *diâmetro do colo*: > 3 mm.

Fruto: seco deiscente, liberando sementes com paina, dispersão pelo vento.

Semente: ortodoxa, sem dormência, 142.000 sementes/kg.

Face superior · Face inferior

0 1 2 3 cm

DETALHES MORFOLÓGICOS

Estípulas

Limbo terminado em três pontas, com borda serreada

Pachira aquatica Aubl.

MALVACEAE
Monguba

Produção de sementes e mudas

COLETA DE SEMENTES
Período: agosto a outubro.
Técnica: coleta dos frutos de coloração marrom e ainda fechados direto da árvore, com podão, quando outros frutos da mesma árvore já tiverem começado a se abrir.
Altura média das matrizes: 10 a 15 m.

BENEFICIAMENTO
Técnica: secar os frutos ao sol até a abertura espontânea e liberação das sementes, para posterior separação manual com auxílio de peneira.

Secagem: intolerante.
Armazenamento: < 1 mês.

SEMEADURA
Quebra de dormência: desnecessária.
Germinação esperada: 60% a 80%.
Tempo para emergência: < 15 dias.

PRODUÇÃO DE MUDAS
Tolerância à repicagem: alta.
Pragas e doenças: nada em particular.
Tempo de produção: 3 a 4 meses; *altura*: 20 a 30 cm; *diâmetro do colo*: > 5 mm.

Fruto: seco deiscente, dispersão pela gravidade.

Semente: recalcitrante, sem dormência, 190 sementes/kg.

Face superior   Face inferior

0 1 2 3 cm

DETALHES MORFOLÓGICOS

Caule verde escuro

Dois pequenos calos na junção dos foliólulos

Pachira glabra
Pasq.

MALVACEAE
Castanha-do-maranhão

Produção de sementes e mudas

COLETA DE SEMENTES
Período: janeiro a março.
Técnica: coleta dos frutos direto da árvore, com podão, quando outros frutos da mesma árvore já tiverem começado a se abrir.
Altura média das matrizes: 4 a 6 m.

BENEFICIAMENTO
Técnica: secar os frutos ao sol até a abertura espontânea e liberação das sementes, para posterior separação manual com auxílio de peneira.
Secagem: intolerante.
Armazenamento: < 1 semana.

SEMEADURA
Quebra de dormência: desnecessária.
Germinação esperada: 60% a 80%.
Tempo para emergência: < 15 dias.

PRODUÇÃO DE MUDAS
Tolerância à repicagem: média.
Pragas e doenças: nada em particular.
Tempo de produção: 3 a 4 meses; *altura*: 20 a 30 cm; *diâmetro do colo*: > 3 mm.

Fruto: seco deiscente, dispersão pela gravidade.

Semente: recalcitrante, sem dormência, 380 sementes/kg.

Face superior

Face inferior

0 1 2 3 cm

DETALHES MORFOLÓGICOS

Engrossamento na base do caule

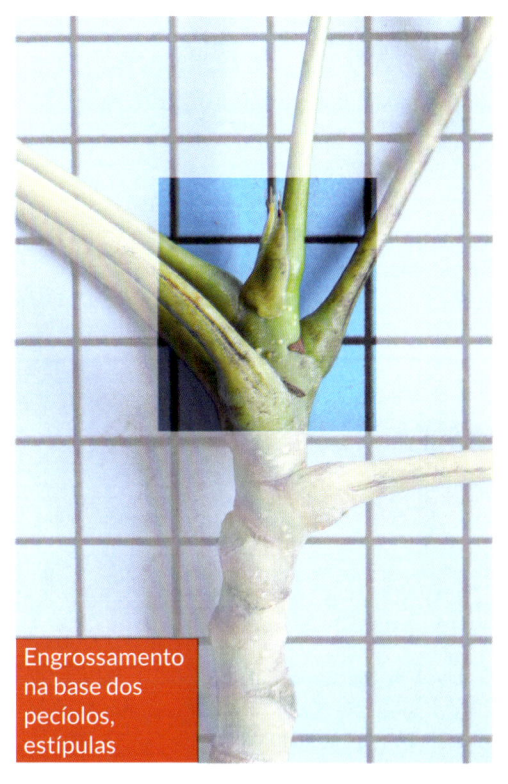

Engrossamento na base dos pecíolos, estípulas

Pterygota brasiliensis Fr. All.

MALVACEAE
Pau-rei

Produção de sementes e mudas

COLETA DE SEMENTES
Período: maio a julho.
Técnica: coleta dos frutos de coloração marrom e ainda fechados direto da árvore, com podão, quando outros frutos da mesma árvore já tiverem começado a se abrir.
Altura média das matrizes: 12 a 18 m.

BENEFICIAMENTO
Técnica: secar os frutos ao sol até a abertura espontânea e liberação das sementes, para posterior separação manual com auxílio de peneira.

Secagem: tolerante.
Armazenamento: < 6 meses.

SEMEADURA
Quebra de dormência: desnecessária.
Germinação esperada: 60% a 80%.
Tempo para emergência: 15 a 30 dias.

PRODUÇÃO DE MUDAS
Tolerância à repicagem: média.
Pragas e doenças: nada em particular.
Tempo de produção: 3 a 4 meses; *altura*: 20 a 30 cm; *diâmetro do colo*: > 4 mm.

Fruto: seco deiscente, liberando sementes aladas, dispersão pelo vento.

Semente: ortodoxa, sem dormência, 770 sementes/kg.

Face superior

Face inferior

0 1 2 3 cm

DETALHES MORFOLÓGICOS

Face inferior das folhas esbranquiçada

Cinco nervuras saindo da base do limbo

Theobroma cacao
L.

MALVACEAE
Cacau

Produção de sementes e mudas

COLETA DE SEMENTES
Período: abril a junho.
Técnica: coleta dos frutos de coloração amarelo-avermelhada direto da árvore com podão, quando outros frutos da mesma árvore já tiverem começado a cair.
Altura média das matrizes: 5 a 8 m.

BENEFICIAMENTO
Técnica: abrir manualmente os frutos e esfregar a polpa em peneira sob água corrente para removê-la e separar as sementes.

Secagem: intolerante.
Armazenamento: < 1 semana.

SEMEADURA
Quebra de dormência: desnecessária.
Germinação esperada: 40% a 60%.
Tempo para emergência: 7 a 10 dias.

PRODUÇÃO DE MUDAS
Tolerância à repicagem: média.
Pragas e doenças: nada em particular.
Tempo de produção: 3 a 4 meses; *altura*: 20 a 30 cm; *diâmetro do colo*: > 3 mm.

Fruto: seco indeiscente, expondo sementes com arilo, dispersão por animais.

Semente: recalcitrante, sem dormência, 420 sementes/kg.

Face superior · Face inferior

0 1 2 3 cm

DETALHES MORFOLÓGICOS

Estípulas abundantes

Brotações arroxeadas

Theobroma grandiflorum
(Willd. ex Spreng.) K. Schum.

MALVACEAE
Cupuaçu

Produção de sementes e mudas

COLETA DE SEMENTES
Período: fevereiro a abril.
Técnica: coleta dos frutos de coloração marrom direto da árvore com podão, quando outros frutos da mesma árvore já estiverem começando a cair.
Altura média das matrizes: 8 a 10 m.

BENEFICIAMENTO
Técnica: abrir manualmente os frutos e esfregar a polpa em peneira sob água corrente para removê-la e separar as sementes.

Secagem: intolerante.
Armazenamento: < 1 semana.

SEMEADURA
Quebra de dormência: desnecessária.
Germinação esperada: 40% a 60%.
Tempo para emergência: 10 a 15 dias.

PRODUÇÃO DE MUDAS
Tolerância à repicagem: média.
Pragas e doenças: nada em particular.
Tempo de produção: 3 a 4 meses; *altura*: 20 a 30 cm; *diâmetro do colo*: > 3 mm.

Fruto: seco indeiscente, expondo sementes com arilo, dispersão por animais.

Semente: recalcitrante, sem dormência, 205 sementes/kg.

Face superior

Face inferior

0 1 2 3 cm

DETALHES MORFOLÓGICOS

Pilosidade abundante em brotações, estípulas

Folhas novas arroxeadas

Miconia formosa Cogn.

MELASTOMATACEAE
Cabuçu

Produção de sementes e mudas

COLETA DE SEMENTES
Período: outubro a dezembro.
Técnica: coleta dos frutos de coloração preto-avermelhada direto da árvore, com podão.
Altura média das matrizes: 4 a 5 m.

BENEFICIAMENTO
Técnica: esfregar os frutos em peneira sob água corrente para a remoção da polpa e separação das sementes.
Secagem: tolerante.
Armazenamento: < 3 meses.

SEMEADURA
Quebra de dormência: desnecessária.
Germinação esperada: 40% a 60%.
Tempo para emergência: 15 a 30 dias.

PRODUÇÃO DE MUDAS
Tolerância à repicagem: média.
Pragas e doenças: nada em particular.
Tempo de produção: 4 a 5 meses; *altura*: 15 a 20 cm; *diâmetro do colo*: > 3 mm.

Fruto: carnoso, dispersão por animais.

Semente: ortodoxa, sem dormência, 1.750.000 sementes/kg.

Face superior — Face inferior

0 1 2 3 cm

DETALHES MORFOLÓGICOS

Caule quadrangular

Folhas fortemente discolores, com face inferior marrom e nervura curvinérvia

Mouriri elliptica
Mart.

MELASTOMATACEAE
Croadinha

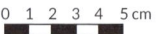

Produção de sementes e mudas

COLETA DE SEMENTES
Período: setembro a novembro.
Técnica: coleta dos frutos de coloração amarela direto da árvore, com podão.
Altura média das matrizes: 3 a 5 m.

BENEFICIAMENTO
Técnica: esfregar os frutos em peneira sob água corrente para a remoção da polpa e separação das sementes.
Secagem: tolerante.
Armazenamento: < 3 meses.

SEMEADURA
Quebra de dormência: desnecessária.
Germinação esperada: 40% a 60%.
Tempo para emergência: 30 a 60 dias.

PRODUÇÃO DE MUDAS
Tolerância à repicagem: baixa.
Pragas e doenças: nada em particular.
Tempo de produção: 4 a 8 meses; *altura*: 15 a 20 cm; *diâmetro do colo*: > 3 mm.

Fruto: carnoso, dispersão por animais.

Semente: ortodoxa, sem dormência, 1.600 sementes/kg.

Face superior   Face inferior

0   1   2   3 cm

DETALHES MORFOLÓGICOS

Caule descamante

Folhas rígidas e curvadas para baixo

Pleroma raddianum
(DC.) Gardner

MELASTOMATACEAE
Manacá-da-serra

Produção de sementes e mudas

COLETA DE SEMENTES
Período: junho a agosto.
Técnica: coleta dos frutos de coloração marrom e ainda fechados direto da árvore, com podão, quando outros frutos da mesma árvore já tiverem começado a se abrir.
Altura média das matrizes: 5 a 10 m.

BENEFICIAMENTO
Técnica: secar os frutos ao sol até a abertura espontânea e liberação das sementes, para posterior separação manual com auxílio de peneira.
Secagem: tolerante.
Armazenamento: > 1 ano.

SEMEADURA
Quebra de dormência: desnecessária.
Germinação esperada: 40% a 60%.
Tempo para emergência: 15 a 30 dias.

PRODUÇÃO DE MUDAS
Tolerância à repicagem: baixa.
Pragas e doenças: nada em particular.
Tempo de produção: 3 a 4 meses; *altura*: 20 a 30 cm; *diâmetro do colo*: > 4 mm.

Fruto: seco deiscente, liberando sementes aladas, dispersão pelo vento.

Semente: ortodoxa, sem dormência, 3.500.000 sementes/kg.

Face superior

Face inferior

0 1 2 3 cm

DETALHES MORFOLÓGICOS

Ramos quadrangulares e arroxeados, com pequenas brotações nos nós

Pilosidade abundante em folhas e ramos, nervação curvinérvia

Swietenia macrophylla
King

MELIACEAE
Mogno

Produção de sementes e mudas

COLETA DE SEMENTES
Período: outubro a dezembro.
Técnica: coleta dos frutos de coloração marrom e ainda fechados direto da árvore, com podão, quando outros frutos da mesma árvore já tiverem começado a se abrir.
Altura média das matrizes: 12 a 18 m.

BENEFICIAMENTO
Técnica: secar os frutos ao sol até a abertura espontânea e liberação das sementes, para posterior separação manual com auxílio de peneira.
Secagem: tolerante.
Armazenamento: > 1 ano.

SEMEADURA
Quebra de dormência: desnecessária.
Germinação esperada: 80% a 90%.
Tempo para emergência: 15 a 30 dias.

PRODUÇÃO DE MUDAS
Tolerância à repicagem: alta.
Pragas e doenças: broca do caule.
Tempo de produção: 3 a 4 meses; *altura*: 15 a 30 cm; *diâmetro do colo*: > 4 mm.

Fruto: seco deiscente, liberando sementes aladas, dispersão pelo vento.

Semente: ortodoxa, sem dormência, 2.500 sementes/kg.

Face superior | Face inferior

0 1 2 3 cm

DETALHES MORFOLÓGICOS

Engrossamento do peciólulo

Primeiras folhas simples e as seguintes compostas

Trichilia pallens
C.DC.

MELIACEAE
Baga-de-morcego

Produção de sementes e mudas

COLETA DE SEMENTES
Período: janeiro a março.
Técnica: coleta dos frutos direto da árvore, com podão, quando outros frutos da mesma árvore já tiverem começado a se abrir.
Altura média das matrizes: 6 a 10 m.

BENEFICIAMENTO
Técnica: secar os frutos à sombra até se abrirem de forma espontânea, separar as sementes manualmente e esfregá-las em peneira sob água corrente para a remoção do arilo.

Secagem: pouco tolerante.
Armazenamento: < 1 mês.

SEMEADURA
Quebra de dormência: desnecessária.
Germinação esperada: 60% a 80%.
Tempo para emergência: 14 a 30 dias.

PRODUÇÃO DE MUDAS
Tolerância à repicagem: alta.
Pragas e doenças: nada em particular.
Tempo de produção: 4 a 5 meses; *altura*: 20 a 30 cm; *diâmetro do colo*: > 3 mm.

Fruto: seco deiscente, expondo sementes com arilo, dispersão por animais.

Semente: recalcitrante, sem dormência, 14.000 sementes/kg.

Face superior   Face inferior

0 1 2 3 cm

DETALHES MORFOLÓGICOS

Pilosidade branca em brotações

Engrossamento da base dos folíolos

Brosimum gaudichaudii Trécul

MORACEAE
Mama-cadela

Produção de sementes e mudas

COLETA DE SEMENTES
Período: outubro a dezembro.
Técnica: coleta dos frutos de coloração laranja, forrando o chão com uma lona e balançando os galhos.
Altura média das matrizes: 6 a 8 m.

BENEFICIAMENTO
Técnica: esfregar os frutos em peneira sob água corrente para a remoção da polpa e separação das sementes.
Secagem: pouco tolerante.
Armazenamento: < 3 meses.

SEMEADURA
Quebra de dormência: desnecessária.
Germinação esperada: 60% a 80%.
Tempo para emergência: 15 a 30 dias.

PRODUÇÃO DE MUDAS
Tolerância à repicagem: baixa.
Pragas e doenças: nada em particular.
Tempo de produção: 5 a 6 meses; *altura*: 15 a 20 cm; *diâmetro do colo*: > 3 mm.

Fruto: carnosa, dispersão por animais.

Semente: intermediária, sem dormência, 820 sementes/kg.

Face superior

Face inferior

0   1   2   3 cm

DETALHES MORFOLÓGICOS

Látex

Nervação reticulada, extremidade das nervuras secundárias transformada em pequenos espinhos

Ficus enormis (Miq.) Miq.

MORACEAE
Figueira-da-pedra

Produção de sementes e mudas

COLETA DE SEMENTES
Período: outubro a dezembro.
Técnica: coleta dos frutos de coloração verde-amarelada direto da árvore, com podão. Como os frutos permanecem esverdeados até o final da maturação, deve-se ter especial atenção para coletá-los apenas quando as sementes já estiverem bem "granadas".
Altura média das matrizes: 12 a 14 m.

BENEFICIAMENTO
Técnica: esfregar os frutos em peneira sob água corrente para a remoção da polpa e separação das sementes.

Secagem: tolerante.
Armazenamento: > 1 ano.

SEMEADURA
Quebra de dormência: desnecessária.
Germinação esperada: 60% a 80%.
Tempo para emergência: 15 a 30 dias.

PRODUÇÃO DE MUDAS
Tolerância à repicagem: alta.
Pragas e doenças: manchas nas folhas.
Tempo de produção: 3 a 4 meses; *altura*: 15 a 20 cm; *diâmetro do colo*: > 4 mm.

Fruto: carnoso, dispersão por animais.

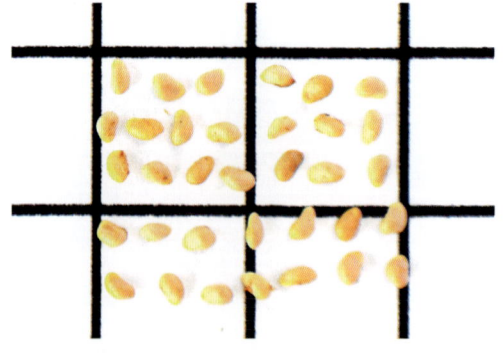

Semente: ortodoxa, sem dormência, 1.420.000 sementes/kg.

Face superior

Face inferior

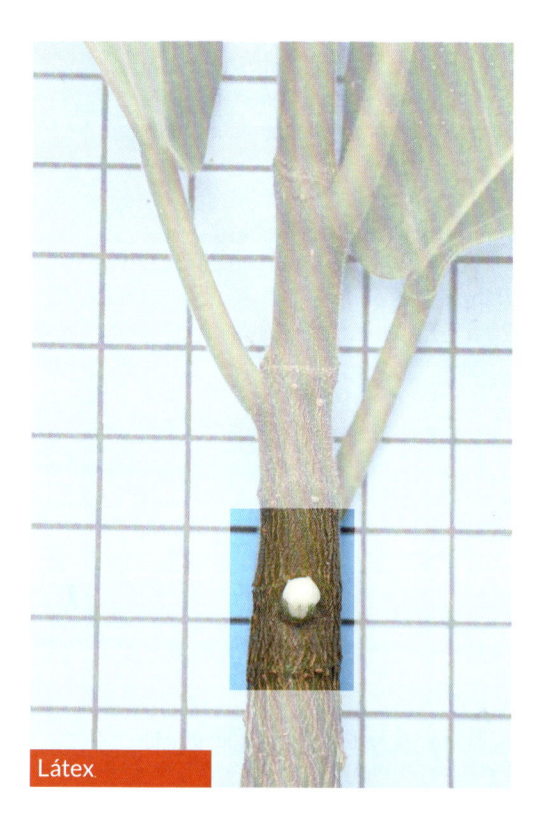

0　1　2　3 cm

DETALHES MORFOLÓGICOS

Látex

Pilosidade abundante

Ficus hirsuta Schott

MORACEAE
Figueira-apuí

Produção de sementes e mudas

COLETA DE SEMENTES
Período: setembro a novembro.
Técnica: coleta dos frutos de coloração verde-amarelada direto da árvore, com podão. Como os frutos permanecem esverdeados até o final da maturação, deve-se ter especial atenção para coletá-los apenas quando as sementes já estiverem bem "granadas".
Altura média das matrizes: 10 a 12 m.

BENEFICIAMENTO
Técnica: esfregar os frutos em peneira sob água corrente para a remoção da polpa e separação das sementes.

Secagem: tolerante.
Armazenamento: > 1 ano.

SEMEADURA
Quebra de dormência: desnecessária.
Germinação esperada: 60% a 80%.
Tempo para emergência: 15 a 30 dias.

PRODUÇÃO DE MUDAS
Tolerância à repicagem: alta.
Pragas e doenças: nada em particular.
Tempo de produção: 3 a 4 meses; *altura*: 20 a 30 cm; *diâmetro do colo*: > 4 mm.

Fruto: carnoso, dispersão por animais.

Semente: ortodoxa, sem dormência, 920.000 sementes/kg.

Face superior

Face inferior

0 1 2 3 cm

DETALHES MORFOLÓGICOS

Raízes adventícias abundantes

Pilosidade abundante em ramos e folhas

Sorocea bonplandii
(Baill.) W.C. Burger *et al.*

MORACEAE
Cincho

Produção de sementes e mudas

COLETA DE SEMENTES
Período: dezembro a fevereiro.
Técnica: coleta dos frutos de coloração roxa direto da árvore, com podão.
Altura média das matrizes: 8 a 12 m.

BENEFICIAMENTO
Técnica: esfregar os frutos em peneira sob água corrente para a remoção da polpa e separação das sementes.
Secagem: intolerante.
Armazenamento: < 1 semana.

SEMEADURA
Quebra de dormência: desnecessária.
Germinação esperada: 80% a 100%.
Tempo para emergência: < 15 dias.

PRODUÇÃO DE MUDAS
Tolerância à repicagem: baixa.
Pragas e doenças: nada em particular.
Tempo de produção: 3 a 4 meses; *altura*: 15 a 30 cm; *diâmetro do colo*: > 3 mm.

Fruto: carnoso, dispersão por animais.

Semente: recalcitrante, sem dormência, 2.400 sementes/kg.

Face superior

Face inferior

0 1 2 3 cm

DETALHES MORFOLÓGICOS

Nervação reticulada

Extremidade das nervuras secundárias transformada em pequenos espinhos

Campomanesia phaea (O. Berg.) Landrum

MYRTACEAE
Cambuci

Produção de sementes e mudas

COLETA DE SEMENTES
Período: março a maio.
Técnica: coleta dos frutos de coloração verde-amarelada direto da árvore, com podão, quando outros frutos da mesma árvore já tiverem começado a cair.
Altura média das matrizes: 5 a 10 m.

BENEFICIAMENTO
Técnica: esfregar os frutos em peneira sob água corrente para a remoção da polpa e separação das sementes.

Secagem: intolerante.
Armazenamento: < 1 semana.

SEMEADURA
Quebra de dormência: desnecessária.
Germinação esperada: 20% a 40%.
Tempo para emergência: 15 a 30 dias.

PRODUÇÃO DE MUDAS
Tolerância à repicagem: baixa.
Pragas e doenças: nada em particular.
Tempo de produção: 4 a 5 meses; *altura*: 15 a 20 cm; *diâmetro do colo*: > 4 mm.

Fruto: carnoso, dispersão por animais.

Semente: recalcitrante, sem dormência, 29.800 sementes/kg.

Face superior

Face inferior

0 1 2 3 cm

DETALHES MORFOLÓGICOS

Caule descamante em placas

Borda ondulada

Campomanesia velutina
(Cambess.) O. Berg.

MYRTACEAE
Gabiroba-velutina

Produção de sementes e mudas

COLETA DE SEMENTES
Período: novembro a janeiro.
Técnica: coleta dos frutos amarelos direto da árvore, com podão, quando outros frutos da mesma árvore já tiverem começado a cair.
Altura média das matrizes: < 8 m.

BENEFICIAMENTO
Técnica: esfregar os frutos em peneira sob água corrente para a remoção da polpa e separação das sementes.
Secagem: intolerante.
Armazenamento: < 1 semana.

SEMEADURA
Quebra de dormência: desnecessária.
Germinação esperada: 40% a 60%.
Tempo para emergência: 15 a 30 dias.

PRODUÇÃO DE MUDAS
Tolerância à repicagem: baixa.
Pragas e doenças: nada em particular.
Tempo de produção: 4 a 5 meses; *altura*: 15 a 20 cm; *diâmetro do colo*: > 3 mm.

Fruto: carnoso, dispersão por animais.

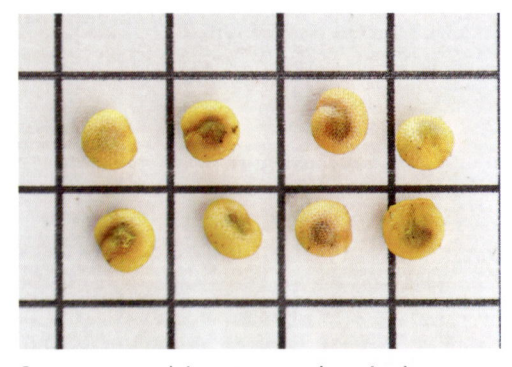

Semente: recalcitrante, sem dormência, 13.000 sementes/kg.

Face superior

Face inferior

0　1　2　3 cm

DETALHES MORFOLÓGICOS

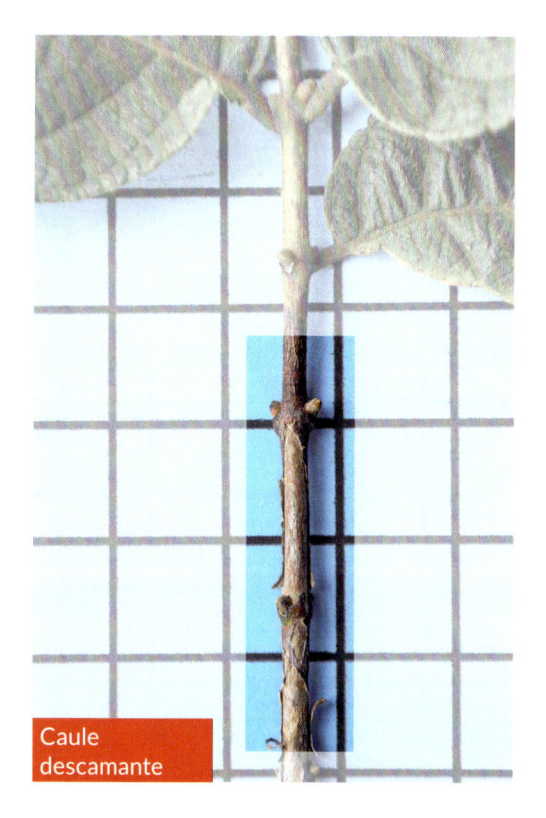

Caule descamante

Pilosidade abundante em folhas e ramos

Eugenia aurata O. Berg.

MYRTACEAE
Mini-araçá

Produção de sementes e mudas

COLETA DE SEMENTES
Período: outubro a dezembro.
Técnica: coleta dos frutos de coloração amarelo-avermelhada direto da árvore, com podão.
Altura média das matrizes: 4 a 6 m.

BENEFICIAMENTO
Técnica: esfregar os frutos em peneira sob água corrente para a remoção da polpa e separação das sementes.
Secagem: intolerante.
Armazenamento: < 1 mês.

SEMEADURA
Quebra de dormência: desnecessária.
Germinação esperada: 60% a 80%.
Tempo para emergência: 15 a 30 dias.

PRODUÇÃO DE MUDAS
Tolerância à repicagem: baixa.
Pragas e doenças: nada em particular.
Tempo de produção: 4 a 5 meses; *altura*: 15 a 20 cm; *diâmetro do colo*: > 3 mm.

Fruto: carnoso, dispersão por animais.

Semente: recalcitrante, sem dormência, 11.100 sementes/kg.

Face superior

Face inferior

0　　1　　2　　3 cm

DETALHES MORFOLÓGICOS

Brotações arroxeadas

Pontuações translúcidas

Eugenia bimarginata DC.

MYRTACEAE
Congoba

Produção de sementes e mudas

COLETA DE SEMENTES
Período: agosto a outubro.
Técnica: coleta dos frutos de coloração amarela, forrando o chão com uma lona e balançando os galhos.
Altura média das matrizes: 4 a 6 m.

BENEFICIAMENTO
Técnica: esfregar os frutos em peneira sob água corrente para a remoção da polpa e separação das sementes.
Secagem: intolerante.
Armazenamento: < 1 semana.

SEMEADURA
Quebra de dormência: desnecessária.
Germinação esperada: 50% a 60%.
Tempo para emergência: 15 a 30 dias.

PRODUÇÃO DE MUDAS
Tolerância à repicagem: baixa.
Pragas e doenças: nada em particular.
Tempo de produção: 6 a 7 meses; *altura*: 15 a 20 cm; *diâmetro do colo*: > 3 mm.

Fruto: carnoso, dispersão por animais.

Semente: recalcitrante, sem dormência, 5.900 sementes/kg.

Face superior

Face inferior

0 1 2 3 cm

DETALHES MORFOLÓGICOS

Caule descamante

Brotações avermelhadas

Eugenia candolleana DC.

MYRTACEAE
Ameixa-do-mato

Produção de sementes e mudas

COLETA DE SEMENTES
Período: outubro a dezembro.
Técnica: coleta dos frutos de coloração preta, forrando o chão com uma lona e balançando os galhos.
Altura média das matrizes: 4 a 6 m.

BENEFICIAMENTO
Técnica: esfregar os frutos em peneira sob água corrente para a remoção da polpa e separação das sementes.
Secagem: intolerante.
Armazenamento: < 1 semana.

SEMEADURA
Quebra de dormência: desnecessária.
Germinação esperada: 60% a 80%.
Tempo para emergência: 15 a 30 dias.

PRODUÇÃO DE MUDAS
Tolerância à repicagem: baixa.
Pragas e doenças: nada em particular.
Tempo de produção: 6 a 7 meses; *altura*: 15 a 20 cm; *diâmetro do colo*: > 4 mm.

Fruto: carnoso, dispersão por animais.

Semente: recalcitrante, sem dormência, 1.648 sementes/kg.

Face superior

Face inferior

0   1   2   3 cm

DETALHES MORFOLÓGICOS

Caule descamante

Pontuações translúcidas

Eugenia florida DC.

MYRTACEAE
Pitanga-preta

Produção de sementes e mudas

COLETA DE SEMENTES
Período: outubro a dezembro.
Técnica: coleta dos frutos de coloração preta, forrando o chão com uma lona e balançando os galhos.
Altura média das matrizes: 4 a 6 m.

BENEFICIAMENTO
Técnica: esfregar os frutos em peneira sob água corrente para a remoção da polpa e separação das sementes.
Secagem: intolerante.
Armazenamento: < 1 semana.

SEMEADURA
Quebra de dormência: desnecessária.
Germinação esperada: 60% a 80%.
Tempo para emergência: 15 a 30 dias.

PRODUÇÃO DE MUDAS
Tolerância à repicagem: baixa.
Pragas e doenças: nada em particular.
Tempo de produção: 6 a 7 meses; *altura*: 15 a 20 cm; *diâmetro do colo*: > 4 mm.

Fruto: carnoso, dispersão por animais.

Semente: recalcitrante, sem dormência, 4.550 sementes/kg.

Face superior

Face inferior

0 1 2 3 cm

DETALHES MORFOLÓGICOS

Mudança brusca de coloração do caule, a partir de novas brotações

Nervura central rósea

Eugenia hiemalis Cambess.

MYRTACEAE
Guamirim-da-folha-miúda

Produção de sementes e mudas

COLETA DE SEMENTES
Período: outubro a dezembro.
Técnica: coleta dos frutos de coloração preto-avermelhada direto da árvore, com podão.
Altura média das matrizes: 4 a 6 m.

BENEFICIAMENTO
Técnica: esfregar os frutos em peneira sob água corrente para a remoção da polpa e separação das sementes.
Secagem: intolerante.
Armazenamento: < 1 mês.

SEMEADURA
Quebra de dormência: desnecessária.
Germinação esperada: 60% a 80%.
Tempo para emergência: 15 a 30 dias.

PRODUÇÃO DE MUDAS
Tolerância à repicagem: baixa.
Pragas e doenças: ferrugem.
Tempo de produção: 4 a 5 meses; *altura*: 15 a 20 cm; *diâmetro do colo*: > 3 mm.

Fruto: carnoso, dispersão por animais.

Semente: recalcitrante, sem dormência, 7.500 sementes/kg.

Face superior

Face inferior

0 1 2 3 cm

DETALHES MORFOLÓGICOS

Caule descamante

Nervura marginal saliente

Eugenia myrcianthes Nied.

MYRTACEAE
Pêssego-do-mato

Produção de sementes e mudas

COLETA DE SEMENTES
Período: outubro a dezembro.
Técnica: coleta dos frutos de coloração amarela direto da árvore, com podão, quando outros frutos da mesma árvore já tiverem começado a cair.
Altura média das matrizes: 5 a 10 m.

BENEFICIAMENTO
Técnica: esfregar os frutos em peneira sob água corrente para a remoção da polpa e separação das sementes.
Secagem: intolerante.
Armazenamento: < 1 mês.

SEMEADURA
Quebra de dormência: desnecessária.
Germinação esperada: 60% a 80%.
Tempo para emergência: 30 a 45 dias.

PRODUÇÃO DE MUDAS
Tolerância à repicagem: baixa.
Pragas e doenças: nada em particular.
Tempo de produção: 4 a 5 meses; *altura*: 15 a 30 cm; *diâmetro do colo*: > 2 mm.

Fruto: carnoso, dispersão por animais.

Semente: recalcitrante, sem dormência, 800 sementes/kg.

Face superior

Face inferior

0　1　2　3 cm

DETALHES MORFOLÓGICOS

Caule descamante

Pilosidade abundante em brotações

Eugenia paracatuana Sprengel

MYRTACEAE
Guamirim-de-sombra

Produção de sementes e mudas

COLETA DE SEMENTES
Período: outubro a dezembro.
Técnica: coleta dos frutos de coloração preta direto da árvore, com podão.
Altura média das matrizes: 5 a 8 m.

BENEFICIAMENTO
Técnica: esfregar os frutos em peneira sob água corrente para a remoção da polpa e separação das sementes.
Secagem: intolerante.
Armazenamento: < 1 semana.

SEMEADURA
Quebra de dormência: desnecessária.
Germinação esperada: 80% a 100%.
Tempo para emergência: 15 a 30 dias.

PRODUÇÃO DE MUDAS
Tolerância à repicagem: baixa.
Pragas e doenças: ferrugem.
Tempo de produção: 4 a 5 meses; *altura*: 15 a 20 cm; *diâmetro do colo*: > 2 mm.

Fruto: carnoso, dispersão por animais.

Semente: recalcitrante, sem dormência, 16.900 sementes/kg.

Face superior

Face inferior

0 1 2 3 cm

DETALHES MORFOLÓGICOS

Caule descamante

Brotações avermelhadas

Eugenia stipitata McVaugh

MYRTACEAE
Araçá-boi

Produção de sementes e mudas

COLETA DE SEMENTES
Período: fevereiro a abril.
Técnica: coleta dos frutos de coloração amarela direto da árvore, com podão, quando outros frutos da mesma árvore já tiverem começado a cair.
Altura média das matrizes: < 5 m.

BENEFICIAMENTO
Técnica: esfregar os frutos em peneira sob água corrente para a remoção da polpa e separação das sementes.
Secagem: intolerante.
Armazenamento: < 1 semana.

SEMEADURA
Quebra de dormência: desnecessária.
Germinação esperada: 60% a 80%.
Tempo para emergência: 30 a 60 dias.

PRODUÇÃO DE MUDAS
Tolerância à repicagem: alta.
Pragas e doenças: nada em particular.
Tempo de produção: 6 a 8 meses; *altura*: 15 a 20 cm; *diâmetro do colo*: > 3 mm.

Fruto: carnoso, dispersão por animais.

Semente: recalcitrante, sem dormência, 1.090 sementes/kg.

Face superior

Face inferior

0　　　　1　　　　2　　　　3 cm

DETALHES MORFOLÓGICOS

Caule descamante

Brotações arroxeadas

Feijoa sellowiana Berg.

MYRTACEAE
Goiaba-serrana

Produção de sementes e mudas

COLETA DE SEMENTES
Período: março a maio.
Técnica: coleta dos frutos de coloração verde-escura direto da árvore, com podão, quando outros frutos da mesma árvore já tiverem começado a cair.
Altura média das matrizes: 4 a 6 m.

BENEFICIAMENTO
Técnica: esfregar os frutos em peneira sob água corrente para a remoção da polpa e separação das sementes.
Secagem: tolerante.
Armazenamento: > 1 ano.

SEMEADURA
Quebra de dormência: desnecessária.
Germinação esperada: 60% a 80%.
Tempo para emergência: 15 a 30 dias.

PRODUÇÃO DE MUDAS
Tolerância à repicagem: alta.
Pragas e doenças: besouro desfoliador.
Tempo de produção: 3 a 4 meses; *altura*: 20 a 30 cm; *diâmetro do colo*: > 4 mm.

Fruto: carnoso, dispersão por animais.

Semente: ortodoxa, sem dormência, 250.000 sementes/kg.

Face superior   Face inferior

0   1   2   3 cm

DETALHES MORFOLÓGICOS

Caule descamante

Folhas discolores

Myrcia guianensis
(Aubl.) DC.

MYRTACEAE
Araçazinho

Produção de sementes e mudas

COLETA DE SEMENTES
Período: novembro a janeiro.
Técnica: coleta dos frutos de coloração preta direto da árvore, com podão, quando outros frutos da mesma árvore já tiverem começado a cair.
Altura média das matrizes: 5 a 8 m.

BENEFICIAMENTO
Técnica: esfregar os frutos em peneira sob água corrente para a remoção da polpa e separação das sementes.

Secagem: intolerante.
Armazenamento: < 1 mês.

SEMEADURA
Quebra de dormência: desnecessária.
Germinação esperada: 80% a 90%.
Tempo para emergência: 15 a 30 dias.

PRODUÇÃO DE MUDAS
Tolerância à repicagem: baixa.
Pragas e doenças: ferrugem.
Tempo de produção: 4 a 5 meses; *altura*: 15 a 20 cm; *diâmetro do colo*: > 3 mm.

Fruto: carnoso, dispersão por animais.

Semente: recalcitrante, sem dormência, 16.900 sementes/kg.

Face superior

Face inferior

0 1 2 3 cm

DETALHES MORFOLÓGICOS

Caule descamante

Pontuações translúcidas

Myrcia loranthifolia
(DC.) G.P. Burton & E. Lucas

MYRTACEAE
Guamirim-brasiliense

Produção de sementes e mudas

COLETA DE SEMENTES
Período: agosto a outubro.
Técnica: coleta dos frutos de coloração amarelo-avermelhada direto da árvore, com podão.
Altura média das matrizes: 6 a 8 m.

BENEFICIAMENTO
Técnica: esfregar os frutos em peneira sob água corrente para a remoção da polpa e separação das sementes.
Secagem: intolerante.
Armazenamento: < 1 semana.

SEMEADURA
Quebra de dormência: desnecessária.
Germinação esperada: 60% a 80%.
Tempo para emergência: 30 a 45 dias.

PRODUÇÃO DE MUDAS
Tolerância à repicagem: baixa.
Pragas e doenças: nada em particular.
Tempo de produção: 4 a 5 meses; *altura*: 15 a 30 cm; *diâmetro do colo*: > 3 mm.

Fruto: carnoso, dispersão por animais.

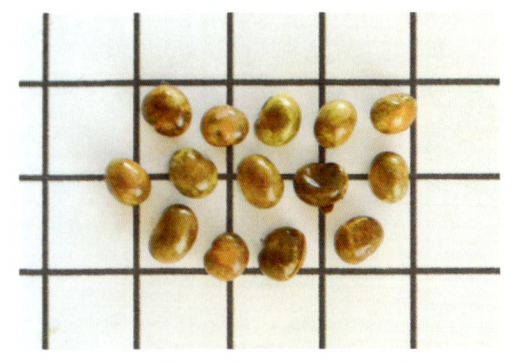

Semente: recalcitrante, sem dormência, 17.000 sementes/kg.

Face superior

Face inferior

0 1 2 3 cm

DETALHES MORFOLÓGICOS

Caule descamante

Nervura marginal e central salientes

Myrcia selloi
(Spreng.) N. Silveira

MYRTACEAE
Camboim

Produção de sementes e mudas

COLETA DE SEMENTES
Período: novembro a janeiro.
Técnica: coleta dos frutos de coloração amarela e vermelhos direto da árvore, com podão.
Altura média das matrizes: < 5 m.

BENEFICIAMENTO
Técnica: esfregar os frutos em peneira sob água corrente para a remoção da polpa e separação das sementes.
Secagem: intolerante.
Armazenamento: < 1 semana.

SEMEADURA
Quebra de dormência: desnecessária.
Germinação esperada: 40% a 60%.
Tempo para emergência: 30 a 45 dias.

PRODUÇÃO DE MUDAS
Tolerância à repicagem: baixa.
Pragas e doenças: nada em particular.
Tempo de produção: 4 a 5 meses; *altura*: 15 a 30 cm; *diâmetro do colo*: > 2 mm.

Fruto: carnoso, dispersão por animais.

Semente: recalcitrante, sem dormência, 42.850 sementes/kg.

Face superior

Face inferior

0 1 2 3 cm

DETALHES MORFOLÓGICOS

Caule descamante

Brotações arroxeadas

Myrcia splendens (Sw.) DC.

MYRTACEAE
Baicamim

Produção de sementes e mudas

COLETA DE SEMENTES
Período: outubro a dezembro.
Técnica: coleta dos frutos de coloração preta direto da árvore, com podão, quando outros frutos da mesma árvore já tiverem começado a cair.
Altura média das matrizes: 5 a 8 m.

BENEFICIAMENTO
Técnica: esfregar os frutos em peneira sob água corrente para a remoção da polpa e separação das sementes.
Secagem: pouco tolerante.
Armazenamento: < 1 semana.

SEMEADURA
Quebra de dormência: desnecessária.
Germinação esperada: 80% a 100%.
Tempo para emergência: 15 a 30 dias.

PRODUÇÃO DE MUDAS
Tolerância à repicagem: baixa.
Pragas e doenças: ferrugem.
Tempo de produção: 4 a 5 meses; *altura*: 15 a 20 cm; *diâmetro do colo*: > 3 mm.

Fruto: carnoso, dispersão por animais.

Semente: recalcitrante, sem dormência, 23.500 sementes/kg.

Face superior

Face inferior

0　　1　　2　　3 cm

DETALHES MORFOLÓGICOS

Brotações amareladas

Nervura central saliente, pilosidade em brotações

Myrciaria aureana
Mattos

MYRTACEAE
Ibatinga

Produção de sementes e mudas

COLETA DE SEMENTES
Período: dezembro a fevereiro.
Técnica: coleta dos frutos de coloração verde direto da árvore, com as mãos, quando outros frutos da mesma árvore já tiverem começado a cair.
Altura média das matrizes: 5 a 10 m.

BENEFICIAMENTO
Técnica: esfregar os frutos em peneira sob água corrente para a remoção da polpa e separação das sementes.
Secagem: intolerante.
Armazenamento: < 1 semana.

SEMEADURA
Quebra de dormência: desnecessária.
Germinação esperada: 80% a 90%.
Tempo para emergência: 15 a 20 dias.

PRODUÇÃO DE MUDAS
Tolerância à repicagem: baixa.
Pragas e doenças: ferrugem.
Tempo de produção: 5 a 6 meses; *altura*: 15 a 20 cm; *diâmetro do colo*: > 4 mm.

Fruto: carnosa, dispersão por animais.

Semente: recalcitrante, sem dormência, 2.940 sementes/kg.

Face superior

Face inferior

0　　　1　　　2　　　3 cm

DETALHES MORFOLÓGICOS

Caule descamante

Brotações amareladas

Myrciaria floribunda
(H. West ex Willd.) O. Berg

MYRTACEAE
Cambuí-vermelho

Produção de sementes e mudas

COLETA DE SEMENTES
Período: outubro a dezembro.
Técnica: coleta dos frutos de coloração preta, forrando o chão com uma lona e balançando os galhos.
Altura média das matrizes: 4 a 6 m.

BENEFICIAMENTO
Técnica: esfregar os frutos em peneira sob água corrente para a remoção da polpa e separação das sementes.
Secagem: intolerante.
Armazenamento: < 1 semana.

SEMEADURA
Quebra de dormência: desnecessária.
Germinação esperada: 60% a 80%.
Tempo para emergência: 15 a 30 dias.

PRODUÇÃO DE MUDAS
Tolerância à repicagem: baixa.
Pragas e doenças: nada em particular.
Tempo de produção: 6 a 7 meses; *altura*: 15 a 20 cm; *diâmetro do colo*: > 3 mm.

Fruto: carnoso, dispersão por animais.

Semente: recalcitrante, sem dormência, 15.400 sementes/kg.

Face superior

Face inferior

0　　　1　　　2　　　3 cm

DETALHES MORFOLÓGICOS

Caule descamante

Pecíolo arroxeado em brotações

Pimenta pseudocaryophyllus var. *pseudocaryophyllus* (Gomes) Landrum

MYRTACEAE
Louro-cravo

Produção de sementes e mudas

COLETA DE SEMENTES
Período: março a maio.
Técnica: coleta dos frutos de coloração preta direto da árvore, com podão.
Altura média das matrizes: 5 a 10 m.

BENEFICIAMENTO
Técnica: esfregar os frutos em peneira sob água corrente para a remoção da polpa e separação das sementes.
Secagem: intolerante.
Armazenamento: < 3 meses.

SEMEADURA
Quebra de dormência: imersão em ácido sulfúrico concentrado por 10 minutos.
Germinação esperada: 60% a 80%.
Tempo para emergência: 15 a 30 dias.

PRODUÇÃO DE MUDAS
Tolerância à repicagem: média.
Pragas e doenças: nada em particular.
Tempo de produção: 5 a 6 meses; *altura*: 20 a 30 cm; *diâmetro do colo*: > 3 mm.

Fruto: carnoso, dispersão por animais.

Semente: intermediária, tegumento impermeável, 12.700 sementes/kg.

Face superior

Face inferior

0 1 2 3 cm

DETALHES MORFOLÓGICOS

Brotações arroxeadas

Folhas discolores, com nervura marginal bem marcada

Psidium laruotteanum Cambess.

MYRTACEAE
Araçá-do-cerrado

Produção de sementes e mudas

COLETA DE SEMENTES
Período: dezembro a fevereiro.
Técnica: coleta dos frutos de coloração amarela direto da árvore, com podão, quando outros frutos da mesma árvore já tiverem começado a cair.
Altura média das matrizes: < 5 m.

BENEFICIAMENTO
Técnica: esfregar os frutos em peneira sob água corrente para a remoção da polpa e separação das sementes.
Secagem: tolerante.
Armazenamento: > 1 ano.

SEMEADURA
Quebra de dormência: desnecessária.
Germinação esperada: 60% a 80%.
Tempo para emergência: 60 a 90 dias.

PRODUÇÃO DE MUDAS
Tolerância à repicagem: média.
Pragas e doenças: nada em particular.
Tempo de produção: 4 a 6 meses; *altura*: 15 a 30 cm; *diâmetro do colo*: > 3 mm.

Fruto: carnoso, dispersão por animais.

Semente: ortodoxa, sem dormência, 32.000 sementes/kg.

Face superior   Face inferior

0   1   2   3 cm

DETALHES MORFOLÓGICOS

Caule descamante

Pilosidade ferrugínea em ramos novos; nervuras central e marginal coletora bem marcadas

Psidium striatulum
DC.

MYRTACEAE
Goiaba-mirim

Produção de sementes e mudas

COLETA DE SEMENTES
Período: fevereiro a abril.
Técnica: coleta dos frutos de coloração amarela direto da árvore, com podão, quando outros frutos da mesma árvore já tiverem começado a cair.
Altura média das matrizes: 4 a 6 m.

BENEFICIAMENTO
Técnica: esfregar os frutos em peneira sob água corrente para a remoção da polpa e separação das sementes.
Secagem: tolerante.
Armazenamento: > 1 ano.

SEMEADURA
Quebra de dormência: desnecessária.
Germinação esperada: 60% a 80%.
Tempo para emergência: 15 a 30 dias.

PRODUÇÃO DE MUDAS
Tolerância à repicagem: alta.
Pragas e doenças: besouro desfoliador.
Tempo de produção: 3 a 4 meses; *altura*: 20 a 30 cm; *diâmetro do colo*: > 4 mm.

Fruto: carnoso, dispersão por animais.

Semente: ortodoxa, sem dormência, 45.000 sementes/kg.

Face superior

Face inferior

0 1 2 3 cm

DETALHES MORFOLÓGICOS

Caule descamante

Nervura central saliente

Siphoneugena densiflora O. Berg.

MYRTACEAE
Uvatinga

Produção de sementes e mudas

COLETA DE SEMENTES
Período: outubro a dezembro.
Técnica: coleta dos frutos de coloração preto-avermelhada direto da árvore, com podão.
Altura média das matrizes: 5 a 10 m.

BENEFICIAMENTO
Técnica: esfregar os frutos em peneira sob água corrente para a remoção da polpa e separação das sementes.
Secagem: intolerante.
Armazenamento: < 1 mês.

SEMEADURA
Quebra de dormência: desnecessária.
Germinação esperada: 60% a 80%.
Tempo para emergência: 15 a 30 dias.

PRODUÇÃO DE MUDAS
Tolerância à repicagem: baixa.
Pragas e doenças: ferrugem.
Tempo de produção: 4 a 5 meses; *altura*: 15 a 20 cm; *diâmetro do colo*: > 3 mm.

Fruto: carnoso, dispersão por animais.

Semente: recalcitrante, sem dormência, 2.100 sementes/kg.

Face superior

Face inferior

0　1　2　3 cm

DETALHES MORFOLÓGICOS

Caule descamante

Pontuações translúcidas

Guapira noxia
(Netto) Lundell

NYCTAGINACEAE
Caparrosa

Produção de sementes e mudas

COLETA DE SEMENTES
Período: outubro a dezembro.
Técnica: coleta dos frutos de coloração avermelhada direto da árvore, com podão, quando outros frutos da mesma árvore já tiverem começado a cair.
Altura média das matrizes: 6 a 8 m.

BENEFICIAMENTO
Técnica: esfregar os frutos em peneira sob água corrente para a remoção da polpa e separação das sementes.
Secagem: intolerante.
Armazenamento: < 1 mês.

SEMEADURA
Quebra de dormência: desnecessária.
Germinação esperada: 40% a 60%.
Tempo para emergência: 15 a 30 dias.

PRODUÇÃO DE MUDAS
Tolerância à repicagem: baixa.
Pragas e doenças: nada em particular.
Tempo de produção: 3 a 4 meses; *altura*: 15 a 20 cm; *diâmetro do colo*: > 3 mm.

Fruto: carnoso, dispersão por animais.

Semente: recalcitrante, sem dormência, 5.000 sementes/kg.

Face superior   Face inferior

0   1   2   3 cm

DETALHES MORFOLÓGICOS

Brotações avermelhadas

Manchas vermelhas "marmorizadas" em folhas novas

Ouratea spectabilis (Mart.) Engl.

OCHNACEAE
Folha-da-serra

Produção de sementes e mudas

COLETA DE SEMENTES
Período: setembro a novembro.
Técnica: coleta dos frutos de coloração verde passando para o preto direto da árvore, com podão, quando outros frutos da mesma árvore já tiverem começado a cair.
Altura média das matrizes: 6 a 10 m.

BENEFICIAMENTO
Técnica: esfregar os frutos em peneira sob água corrente para a remoção da polpa e separação das sementes.
Secagem: intolerante.
Armazenamento: < 1 semana.

SEMEADURA
Quebra de dormência: desnecessária.
Germinação esperada: 40% a 60%.
Tempo para emergência: 15 a 30 dias.

PRODUÇÃO DE MUDAS
Tolerância à repicagem: média.
Pragas e doenças: nada em particular.
Tempo de produção: 3 a 4 meses; *altura*: 15 a 20 cm; *diâmetro do colo*: > 3 mm.

Fruto: carnoso, dispersão por animais.

Semente: recalcitrante, sem dormência, 5.350 sementes/kg.

Face superior

Face inferior

0　1　2　3 cm

DETALHES MORFOLÓGICOS

Folhas novas avermelhadas

Estípulas e engrossamento dos pecíolos

Piper aduncum L.

PIPERACEAE
Jaborandiba

Produção de sementes e mudas

COLETA DE SEMENTES
Período: abril a junho.
Técnica: coleta dos frutos de coloração verde-escura direto da árvore, com podão, quando começarem a apresentar bicadas de pássaros.
Altura média das matrizes: < 5 m.

BENEFICIAMENTO
Técnica: esfregar os frutos em peneira sob água corrente para a remoção da polpa e separação das sementes.
Secagem: tolerante.
Armazenamento: > 1 ano.

SEMEADURA
Quebra de dormência: desnecessária.
Germinação esperada: 60% a 80%.
Tempo para emergência: < 15 dias.

PRODUÇÃO DE MUDAS
Tolerância à repicagem: média.
Pragas e doenças: nada em particular.
Tempo de produção: 3 a 4 meses; *altura*: 15 a 20 cm; *diâmetro do colo*: > 4 mm.

Fruto: carnoso, dispersão por animais.

Semente: ortodoxa, sem dormência, 820.000 sementes/kg.

Face superior   Face inferior

0 1 2 3 cm

DETALHES MORFOLÓGICOS

Engrossamento dos nós

Base do limbo assimétrica

Coccoloba cujabensis Wedd.

POLYGONACEAE
Canjiquinha

Produção de sementes e mudas

COLETA DE SEMENTES
Período: setembro a novembro.
Técnica: coleta dos frutos de coloração verde-amarelada direto da árvore, com podão, quando outros frutos da mesma árvore já tiverem começado a se abrir.
Altura média das matrizes: 4 a 6 m.

BENEFICIAMENTO
Técnica: secar os frutos ao sol até a abertura espontânea e liberação das sementes, para posterior separação manual com auxílio de peneira.

Secagem: tolerante.
Armazenamento: < 6 meses.

SEMEADURA
Quebra de dormência: desnecessária.
Germinação esperada: 60% a 80%.
Tempo para emergência: < 15 dias.

PRODUÇÃO DE MUDAS
Tolerância à repicagem: média.
Pragas e doenças: nada em particular.
Tempo de produção: 3 a 4 meses; *altura*: 15 a 25 cm; *diâmetro do colo*: > 3 mm.

Fruto: seco deiscente, dispersão pela gravidade.

Semente: ortodoxa, sem dormência, 24.000 sementes/kg.

Face superior

Face inferior

0 1 2 3 cm

DETALHES MORFOLÓGICOS

Ócrea

Estípula terminal, folhas novas avermelhadas

Ruprechtia exploratricis Sandwith

POLYGONACEAE
Pele-de-velho

Produção de sementes e mudas

COLETA DE SEMENTES
Período: março a maio.
Técnica: coleta dos frutos de coloração marrom-escura e já secos direto da árvore, com podão, quando outros frutos da árvore já tiverem começado a cair.
Altura média das matrizes: 5 a 10 m.

BENEFICIAMENTO
Técnica: secar os frutos à sombra e esfregá-los em peneira para a remoção das asas.
Secagem: tolerante.
Armazenamento: < 6 meses.

SEMEADURA
Quebra de dormência: desnecessária.
Germinação esperada: 60% a 80%.
Tempo para emergência: < 15 dias.

PRODUÇÃO DE MUDAS
Tolerância à repicagem: média.
Pragas e doenças: nada em particular.
Tempo de produção: 3 a 4 meses; *altura*: 15 a 30 cm; *diâmetro do colo*: > 3 mm.

Fruto: seco indeiscente, alado, dispersão pelo vento.

Semente: ortodoxa, sem dormência, 55.000 sementes/kg.

Face superior · Face inferior

0 1 2 3 cm

DETALHES MORFOLÓGICOS

Brotações arroxeadas

Ócrea, pilosidade abundante em brotações

Triplaris weigeltiana (Rchb.) Kuntze

POLYGONACEAE
Tachi

Produção de sementes e mudas

COLETA DE SEMENTES
Período: agosto a outubro.
Técnica: coleta dos frutos de coloração amarelada direto da árvore, com podão, quando outros frutos da mesma árvore já tiverem começado a cair.
Altura média das matrizes: 5 a 10 m.

BENEFICIAMENTO
Técnica: secar os frutos à sombra e esfregá-los em peneira para a remoção das asas.
Secagem: tolerante.
Armazenamento: < 6 meses.

SEMEADURA
Quebra de dormência: desnecessária.
Germinação esperada: 60% a 80%.
Tempo para emergência: < 15 dias.

PRODUÇÃO DE MUDAS
Tolerância à repicagem: alta.
Pragas e doenças: nada em particular.
Tempo de produção: 3 a 4 meses; *altura*: 20 a 30 cm; *diâmetro do colo*: > 4 mm.

Fruto: seco indeiscente, alado, dispersão pelo vento.

Semente: ortodoxa, sem dormência, 12.500 sementes/kg.

Face superior

Face inferior

0 1 2 3 cm

DETALHES MORFOLÓGICOS

Ócrea

Estípula terminal

Cybianthus densicomus
Mart.

PRIMULACEAE
Capitaí

Produção de sementes e mudas

COLETA DE SEMENTES
Período: janeiro a março.
Técnica: coleta dos frutos de coloração amarelo-avermelhada direto da árvore, com podão.
Altura média das matrizes: < 5 m.

BENEFICIAMENTO
Técnica: esfregar os frutos em peneira sob água corrente para a remoção da polpa e separação das sementes.
Secagem: pouco tolerante.
Armazenamento: < 1 semana.

SEMEADURA
Quebra de dormência: desnecessária.
Germinação esperada: 40% a 60%.
Tempo para emergência: 30 a 45 dias.

PRODUÇÃO DE MUDAS
Tolerância à repicagem: baixa.
Pragas e doenças: nada em particular.
Tempo de produção: 4 a 5 meses; *altura*: 15 a 30 cm; *diâmetro do colo*: > 3 mm.

Fruto: carnoso, dispersão por animais.

Semente: intermediária, sem dormência, 8.300 sementes/kg.

Face superior

Face inferior

0　1　2　3 cm

DETALHES MORFOLÓGICOS

Pecíolos voltados para cima

Terço superior das folhas com borda ondulada

Geissanthus ambiguus (Mart.) G. Agostini

PRIMULACEAE
Geisantum

Produção de sementes e mudas

COLETA DE SEMENTES
Período: julho a setembro.
Técnica: coleta dos frutos de coloração roxa direto da árvore, com podão.
Altura média das matrizes: 6 a 8 m.

BENEFICIAMENTO
Técnica: esfregar os frutos em peneira sob água corrente para a remoção da polpa e separação das sementes.
Secagem: pouco tolerante.
Armazenamento: < 3 meses.

SEMEADURA
Quebra de dormência: desnecessária.
Germinação esperada: 50% a 60%.
Tempo para emergência: 15 a 30 dias.

PRODUÇÃO DE MUDAS
Tolerância à repicagem: baixa.
Pragas e doenças: nada em particular.
Tempo de produção: 4 a 5 meses; *altura*: 20 a 30 cm; *diâmetro do colo*: > 3 mm.

Fruto: carnoso, dispersão por animais.

Semente: intermediária, sem dormência, 40.000 sementes/kg.

Face superior

Face inferior

0 1 2 3 cm

DETALHES MORFOLÓGICOS

Folhas com borda ondulada, com nervura central saliente

Ramos achatados

Sarcomphalus joazeiro (Mart.) Hauenschild

RHAMNACEAE
Juazeiro

Produção de sementes e mudas

COLETA DE SEMENTES
Período: janeiro a março.
Técnica: coleta dos frutos de coloração amarela direto da árvore, com podão.
Altura média das matrizes: 5 a 8 m.

BENEFICIAMENTO
Técnica: esfregar os frutos em peneira sob água corrente para a remoção da polpa e separação das sementes.
Secagem: tolerante.
Armazenamento: < 1 mês.

SEMEADURA
Quebra de dormência: desnecessária.
Germinação esperada: 80% a 90%.
Tempo para emergência: < 15 dias.

PRODUÇÃO DE MUDAS
Tolerância à repicagem: média.
Pragas e doenças: nada em particular.
Tempo de produção: 4 a 5 meses; *altura*: 15 a 20 cm; *diâmetro do colo*: > 3 mm.

Fruto: carnoso, dispersão por animais.

Semente: ortodoxa, sem dormência, 4.000 sementes/kg.

Face superior

Face inferior

0　1　2　3 cm

DETALHES MORFOLÓGICOS

Espinhos nos nós

Três nervuras salientes saindo da base da folha

Calycophyllum spruceanum Benth.

RUBIACEAE
Pau-mulato

Produção de sementes e mudas

COLETA DE SEMENTES
Período: agosto a outubro.
Técnica: coleta dos frutos de coloração marrom e ainda fechados direto da árvore, com podão, quando outros frutos da mesma árvore já tiverem começado a se abrir.
Altura média das matrizes: 10 a 15 m.

BENEFICIAMENTO
Técnica: secar os frutos ao sol até a abertura espontânea e liberação das sementes, para posterior separação manual com auxílio de peneira.

Secagem: tolerante.
Armazenamento: > 1 ano.

SEMEADURA
Quebra de dormência: desnecessária.
Germinação esperada: 60% a 80%.
Tempo para emergência: < 15 dias.

PRODUÇÃO DE MUDAS
Tolerância à repicagem: média.
Pragas e doenças: nada em particular.
Tempo de produção: 3 a 4 meses; *altura*: 20 a 40 cm; *diâmetro do colo*: > 3 mm.

Fruto: seco deiscente, liberando sementes aladas, dispersão pelo vento.

Semente: ortodoxa, sem dormência, 6.600.000 sementes/kg.

Face superior Face inferior

0 1 2 3 cm

DETALHES MORFOLÓGICOS

Estípula interpeciolar

Nervação rósea

Chomelia pohliana
Müll. Arg.

RUBIACEAE
Mentolzinho

Produção de sementes e mudas

COLETA DE SEMENTES
Período: setembro a novembro.
Técnica: coleta dos frutos de coloração marrom-escura direto da árvore, com podão.
Altura média das matrizes: 4 a 6 m.

BENEFICIAMENTO
Técnica: esfregar os frutos em peneira sob água corrente para a remoção da polpa e separação das sementes.
Secagem: pouco tolerante.
Armazenamento: < 1 mês.

SEMEADURA
Quebra de dormência: desnecessária.
Germinação esperada: 60% a 80%.
Tempo para emergência: < 15 dias.

PRODUÇÃO DE MUDAS
Tolerância à repicagem: baixa.
Pragas e doenças: nada em particular.
Tempo de produção: 3 a 4 meses; *altura*: 20 a 30 cm; *diâmetro do colo*: > 3 mm.

Fruto: carnoso, dispersão por animais.

Semente: intermediária, sem dormência, 23.000 sementes/kg.

Face superior

Face inferior

0 1 2 3 cm

DETALHES MORFOLÓGICOS

Espinhos no caule

Estípulas interpeciolares, brotações arroxeadas com pilosidade abundante

Cordiera sessilis (Vell.) Kuntze

RUBIACEAE
Marmelinho

Produção de sementes e mudas

COLETA DE SEMENTES
Período: novembro a janeiro.
Técnica: coleta dos frutos de coloração preta direto da árvore, com podão.
Altura média das matrizes: 5 a 10 m.

BENEFICIAMENTO
Técnica: esfregar os frutos em peneira sob água corrente para a remoção da polpa e separação das sementes.
Secagem: tolerante.
Armazenamento: > 6 meses.

SEMEADURA
Quebra de dormência: desnecessária.
Germinação esperada: 60% a 80%.
Tempo para emergência: 15 a 30 dias.

PRODUÇÃO DE MUDAS
Tolerância à repicagem: alta.
Pragas e doenças: nada em particular.
Tempo de produção: 3 a 4 meses; *altura*: 15 a 30 cm; *diâmetro do colo*: > 3 mm.

Fruto: carnoso, dispersão por animais.

Semente: ortodoxa, sem dormência, 25.000 sementes/kg.

Face superior

Face inferior

0　1　2　3 cm

DETALHES MORFOLÓGICOS

Base do caule descamante

Estípula interpeciolar

Coussarea hydrangeifolia (Benth.) Müll. Arg.

RUBIACEAE
Falsa-quina

Produção de sementes e mudas

COLETA DE SEMENTES
Período: junho a agosto.
Técnica: coleta dos frutos de coloração amarela direto da árvore, com podão.
Altura média das matrizes: 6 a 8 m.

BENEFICIAMENTO
Técnica: esfregar os frutos em peneira sob água corrente para a remoção da polpa e separação das sementes.
Secagem: intolerante.
Armazenamento: < 1 semana.

SEMEADURA
Quebra de dormência: desnecessária.
Germinação esperada: 40% a 60%.
Tempo para emergência: 15 a 30 dias.

PRODUÇÃO DE MUDAS
Tolerância à repicagem: baixa.
Pragas e doenças: nada em particular.
Tempo de produção: 5 a 6 meses; *altura*: 15 a 20 cm; *diâmetro do colo*: > 3 mm.

Fruto: carnoso, dispersão por animais.

Semente: recalcitrante, sem dormência, 8.600 sementes/kg.

Face superior

Face inferior

0 1 2 3 cm

DETALHES MORFOLÓGICOS

Estípula interpeciolar

Estreitamento da ponta da folha

Coutarea hexandra
(Jacq.) K. Schum.

RUBIACEAE
Quina

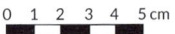

Produção de sementes e mudas

COLETA DE SEMENTES
Período: agosto a outubro.
Técnica: coleta dos frutos de coloração verde e ainda fechados direto da árvore, com podão, quando outros frutos da mesma árvore já tiverem começado a se abrir.
Altura média das matrizes: < 5 m.

BENEFICIAMENTO
Técnica: secar os frutos ao sol até a abertura espontânea e liberação das sementes, para posterior separação manual com auxílio de peneira.

Secagem: tolerante.
Armazenamento: < 1 ano.

SEMEADURA
Quebra de dormência: desnecessária.
Germinação esperada: 60% a 80%.
Tempo para emergência: 15 a 30 dias.

PRODUÇÃO DE MUDAS
Tolerância à repicagem: média.
Pragas e doenças: nada em particular.
Tempo de produção: 3 a 4 meses; *altura*: 20 a 30 cm; *diâmetro do colo*: > 3 mm.

Fruto: seco deiscente, liberando sementes aladas, dispersão pelo vento.

Semente: ortodoxa, sem dormência, 332.500 sementes/kg.

Face superior

Face inferior

0 1 2 3 cm

DETALHES MORFOLÓGICOS

Estípula interpeciolar

Pilosidade na face inferior das folhas

Faramea latifolia (Cham. & Schltdl.) DC.

RUBIACEAE
Faramea

Produção de sementes e mudas

COLETA DE SEMENTES
Período: março a maio.
Técnica: coleta dos frutos de coloração preta direto da árvore, com podão.
Altura média das matrizes: 5 a 10 m.

BENEFICIAMENTO
Técnica: esfregar os frutos em peneira sob água corrente para a remoção da polpa e separação das sementes.
Secagem: tolerante.
Armazenamento: < 6 meses.

SEMEADURA
Quebra de dormência: imersão em ácido sulfúrico concentrado por 5 minutos.
Germinação esperada: 60% a 80%.
Tempo para emergência: 30 a 45 dias.

PRODUÇÃO DE MUDAS
Tolerância à repicagem: média.
Pragas e doenças: nada em particular.
Tempo de produção: 3 a 4 meses; *altura*: 15 a 30 cm; *diâmetro do colo*: > 3 mm.

Fruto: carnoso, dispersão por animais.

Semente: ortodoxa, tegumento impermeável, 4.700 sementes/kg.

Face superior

Face inferior

0 1 2 3 cm

DETALHES MORFOLÓGICOS

Caule novo com estrias salientes

Estípula interpeciolar

Guettarda pohliana Müll. Arg.

RUBIACEAE
Veludo-vermelho

Produção de sementes e mudas

COLETA DE SEMENTES
Período: dezembro a fevereiro.
Técnica: coleta dos frutos de coloração vermelha direto da árvore, com podão, quando outros frutos da mesma árvore já tiverem começado a cair.
Altura média das matrizes: 5 a 8 m.

BENEFICIAMENTO
Técnica: esfregar os frutos em peneira sob água corrente para a remoção da polpa e separação das sementes.
Secagem: intolerante.
Armazenamento: < 6 meses.

SEMEADURA
Quebra de dormência: desnecessária.
Germinação esperada: 20% a 60%.
Tempo para emergência: 30 a 60 dias.

PRODUÇÃO DE MUDAS
Tolerância à repicagem: baixa.
Pragas e doenças: nada em particular.
Tempo de produção: 3 a 4 meses; *altura*: 15 a 20 cm; *diâmetro do colo*: > 3 mm.

Fruto: carnoso, dispersão por animais.

Semente: recalcitrante, sem dormência, 950 sementes/kg.

Face superior

Face inferior

0 1 2 3 cm

DETALHES MORFOLÓGICOS

Estípulas

Brotação arroxeada

Guettarda viburnoides Cham. & Schltdl.

RUBIACEAE
Veludo-branco

Produção de sementes e mudas

COLETA DE SEMENTES
Período: março a maio.
Técnica: coleta dos frutos de coloração amarela direto da árvore, com podão, quando outros frutos da mesma árvore já tiverem começado a cair.
Altura média das matrizes: 5 a 10 m.

BENEFICIAMENTO
Técnica: esfregar os frutos em peneira sob água corrente para a remoção da polpa e separação das sementes.
Secagem: intolerante.
Armazenamento: < 6 meses.

SEMEADURA
Quebra de dormência: desnecessária.
Germinação esperada: 40% a 60%.
Tempo para emergência: 30 a 60 dias.

PRODUÇÃO DE MUDAS
Tolerância à repicagem: baixa.
Pragas e doenças: nada em particular.
Tempo de produção: 3 a 4 meses; *altura*: 15 a 20 cm; *diâmetro do colo*: > 3 mm.

Fruto: carnoso, dispersão por animais.

Semente: recalcitrante, sem dormência, 2.200 sementes/kg.

Face superior

Face inferior

0 1 2 3 cm

DETALHES MORFOLÓGICOS

Estípulas

Nervuras secundárias salientes, com limbo piloso

Ixora venulosa Benth.

RUBIACEAE
Ixora-do-mato

Produção de sementes e mudas

COLETA DE SEMENTES
Período: maio a julho.
Técnica: coleta dos frutos de coloração amarelo-avermelhada direto da árvore, com podão.
Altura média das matrizes: < 5 m.

BENEFICIAMENTO
Técnica: esfregar os frutos em peneira sob água corrente para a remoção da polpa e separação das sementes.
Secagem: pouco tolerante.
Armazenamento: < 1 semana

SEMEADURA
Quebra de dormência: desnecessária.
Germinação esperada: 40% a 60%.
Tempo para emergência: 30 a 45 dias.

PRODUÇÃO DE MUDAS
Tolerância à repicagem: baixa.
Pragas e doenças: nada em particular.
Tempo de produção: 4 a 5 meses; *altura*: 15 a 30 cm; *diâmetro do colo*: > 3 mm.

Fruto: carnoso, dispersão por animais.

Semente: intermediária, sem dormência, 30.000 sementes/kg.

Face superior

Face inferior

0 1 2 3 cm

DETALHES MORFOLÓGICOS

Estípula afilada na extremidade dos ramos

Estípula interpeciolar afilada

Tocoyena formosa (Cham. & Schltdl.) K. Schum. Juss.

RUBIACEAE
Jenipapo-do-cerrado

Produção de sementes e mudas

COLETA DE SEMENTES
Período: setembro a novembro.
Técnica: coleta dos frutos de coloração verde-escura direto da árvore, com podão, quando outros frutos da mesma árvore já tiverem começado a cair.
Altura média das matrizes: 4 a 5 m.

BENEFICIAMENTO
Técnica: esfregar os frutos em peneira sob água corrente para a remoção da polpa e separação das sementes.
Secagem: pouco tolerante.
Armazenamento: < 1 semana.

SEMEADURA
Quebra de dormência: desnecessária.
Germinação esperada: 40% a 60%.
Tempo para emergência: 30 a 60 dias.

PRODUÇÃO DE MUDAS
Tolerância à repicagem: alta.
Pragas e doenças: nada em particular.
Tempo de produção: 6 a 8 meses; *altura*: 15 a 30 cm; *diâmetro do colo*: > 3 mm.

Fruto: carnoso, dispersão por animais.

Semente: intermediária, sem dormência, 33.300 sementes/kg.

Face superior

Face inferior

0　　1　　2　　3 cm

DETALHES MORFOLÓGICOS

Estípula interpeciolar

Pilosidade abundante em ramos e folhas

Metrodorea nigra var. brevifolia
Engl.

RUTACEAE
Chupa-ferro

Produção de sementes e mudas

COLETA DE SEMENTES
Período: junho a agosto.
Técnica: coleta dos frutos de coloração verde e ainda fechados direto da árvore, com podão, quando outros frutos da mesma árvore já tiverem começado a se abrir.
Altura média das matrizes: 8 a 12 m.

BENEFICIAMENTO
Técnica: secar os frutos ao sol até a abertura espontânea e liberação das sementes, para posterior separação manual com auxílio de peneira.

Secagem: tolerante.
Armazenamento: > 1 ano.

SEMEADURA
Quebra de dormência: desnecessária.
Germinação esperada: 80% a 90%.
Tempo para emergência: 15 a 30 dias.

PRODUÇÃO DE MUDAS
Tolerância à repicagem: alta.
Pragas e doenças: nada em particular.
Tempo de produção: 4 a 5 meses; *altura*: 20 a 30 cm; *diâmetro do colo*: > 4 mm.

Fruto: seco deiscente, abertura explosiva, dispersão pela gravidade.

Semente: ortodoxa, sem dormência, 14.900 sementes/kg.

Face superior

Face inferior

0 1 2 3 cm

DETALHES MORFOLÓGICOS

Borda das folhas curvada para baixo, com nervura central saliente

Brotações que parecem surgir de dentro do caule

Zanthoxylum monogynum
A.St.-Hil.

RUTACEAE
Juva

Produção de sementes e mudas

COLETA DE SEMENTES
Período: janeiro a março.
Técnica: coleta dos frutos de coloração verde-alaranjada e ainda fechados direto da árvore, com podão, quando outros frutos da mesma árvore já tiverem começado a se abrir.
Altura média das matrizes: 6 a 10 m.

BENEFICIAMENTO
Técnica: secar os frutos ao sol até a abertura espontânea e liberação das sementes, para posterior separação manual com auxílio de peneira.

Secagem: tolerante.
Armazenamento: < 6 meses.

SEMEADURA
Quebra de dormência: imersão em ácido sulfúrico concentrado por 3 minutos.
Germinação esperada: 40% a 60%.
Tempo para emergência: 30 a 45 dias.

PRODUÇÃO DE MUDAS
Tolerância à repicagem: média.
Pragas e doenças: nada em particular.
Tempo de produção: 6 a 8 meses; *altura*: 15 a 20 cm; *diâmetro do colo*: > 3 mm.

Fruto: seco deiscente, dispersão por animais.

Semente: ortodoxa, tegumento impermeável, 28.550 sementes/kg.

Face superior

Face inferior

0   1   2   3 cm

DETALHES MORFOLÓGICOS

Espinhos nos nós dos ramos

Pontuações translúcidas nas folhas

Casearia decandra Jacq.

SALICACEAE
Pitumba

Produção de sementes e mudas

COLETA DE SEMENTES
Período: dezembro a fevereiro.
Técnica: coleta dos frutos de coloração amarela direto da árvore, com podão.
Altura média das matrizes: 5 a 10 m.

BENEFICIAMENTO
Técnica: esfregar os frutos em peneira sob água corrente para a remoção da polpa e separação das sementes.
Secagem: tolerante.
Armazenamento: < 1 mês.

SEMEADURA
Quebra de dormência: desnecessária.
Germinação esperada: 60% a 80%.
Tempo para emergência: < 15 dias.

PRODUÇÃO DE MUDAS
Tolerância à repicagem: média.
Pragas e doenças: nada em particular.
Tempo de produção: 3 a 4 meses; *altura*: 15 a 20 cm; *diâmetro do colo*: > 3 mm.

Fruto: carnoso, dispersão por animais.

Semente: ortodoxa, sem dormência, 35.650 sementes/kg.

Face superior

Face inferior

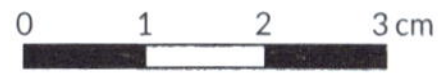

0 1 2 3 cm

DETALHES MORFOLÓGICOS

Estípulas em ramos novos

Borda serreada

Casearia gossypiosperma Briq.

SALICACEAE
Pau-de-espeto

Produção de sementes e mudas

COLETA DE SEMENTES
Período: agosto a outubro.
Técnica: coleta dos frutos de coloração verde e ainda fechados direto da árvore, com podão, quando outros frutos da mesma árvore já tiverem começado a se abrir.
Altura média das matrizes: 8 a 12 m.

BENEFICIAMENTO
Técnica: secar os frutos à sombra até se abrirem de forma espontânea, separar as sementes manualmente e esfregá-las em peneira.

Secagem: tolerante.
Armazenamento: < 6 meses.

SEMEADURA
Quebra de dormência: desnecessária.
Germinação esperada: 60% a 80%.
Tempo para emergência: 15 a 30 dias.

PRODUÇÃO DE MUDAS
Tolerância à repicagem: alta.
Pragas e doenças: nada em particular.
Tempo de produção: 4 a 5 meses; *altura*: 20 a 30 cm; *diâmetro do colo*: > 3 mm.

Fruto: seco deiscente, liberando sementes com paina, dispersão pelo vento.

Semente: ortodoxa, sem dormência, 2.125.000 sementes/kg.

Face superior

Face inferior

0 1 2 3 cm

DETALHES MORFOLÓGICOS

Estípulas

Borda serreada

Casearia lasiophylla
Eichler

SALICACEAE
Cambroé

Produção de sementes e mudas

COLETA DE SEMENTES
Período: dezembro a fevereiro.
Técnica: coleta dos frutos de coloração amarela direto da árvore, com podão.
Altura média das matrizes: 5 a 10 m.

BENEFICIAMENTO
Técnica: esfregar os frutos em peneira sob água corrente para a remoção da polpa e separação das sementes.
Secagem: tolerante.
Armazenamento: < 6 meses.

SEMEADURA
Quebra de dormência: desnecessária.
Germinação esperada: 60% a 80%.
Tempo para emergência: < 15 dias.

PRODUÇÃO DE MUDAS
Tolerância à repicagem: média.
Pragas e doenças: nada em particular.
Tempo de produção: 3 a 4 meses; *altura*: 15 a 20 cm; *diâmetro do colo*: > 3 mm.

Fruto: carnoso, dispersão por animais.

Semente: ortodoxa, sem dormência, 50.000 sementes/kg.

Face superior

Face inferior

0 1 2 3 cm

DETALHES MORFOLÓGICOS

Estípulas, borda serreada

Pilosidade abundante na face inferior da folha

Casearia rupestris
Eichler

SALICACEAE
Pururuca

Produção de sementes e mudas

COLETA DE SEMENTES
Período: dezembro a fevereiro.
Técnica: coleta dos frutos de coloração amarela direto da árvore, com podão.
Altura média das matrizes: 5 a 10 m.

BENEFICIAMENTO
Técnica: esfregar os frutos em peneira sob água corrente para a remoção da polpa e separação das sementes.
Secagem: tolerante.
Armazenamento: < 1 mês.

SEMEADURA
Quebra de dormência: desnecessária.
Germinação esperada: 60% a 80%.
Tempo para emergência: < 15 dias.

PRODUÇÃO DE MUDAS
Tolerância à repicagem: média.
Pragas e doenças: nada em particular.
Tempo de produção: 3 a 4 meses; *altura*: 15 a 20 cm; *diâmetro do colo*: > 3 mm.

Fruto: seco deiscente, expondo sementes com arilo, dispersão por animais.

Semente: ortodoxa, sem dormência, 9.500 sementes/kg.

Face superior

Face inferior

0   1   2   3 cm

DETALHES MORFOLÓGICOS

Caule esbranquiçado com lenticelas

Borda serreada

Xylosma tweediana
(Clos) Eichler

SALICACEAE
Sucará

Produção de sementes e mudas

COLETA DE SEMENTES
Período: setembro a novembro.
Técnica: coleta dos frutos de coloração vermelha direto da árvore, com podão.
Altura média das matrizes: 5 a 10 m.

BENEFICIAMENTO
Técnica: esfregar os frutos em peneira sob água corrente para a remoção da polpa e separação das sementes.
Secagem: pouco tolerante.
Armazenamento: < 1 mês.

SEMEADURA
Quebra de dormência: desnecessária.
Germinação esperada: 60% a 80%.
Tempo para emergência: 15 a 30 dias.

PRODUÇÃO DE MUDAS
Tolerância à repicagem: média.
Pragas e doenças: nada em particular.
Tempo de produção: 3 a 4 meses; *altura*: 15 a 25 cm; *diâmetro do colo*: > 3 mm.

Fruto: carnoso, dispersão por animais.

Semente: intermediária, sem dormência, 50.000 sementes/kg.

Face superior   Face inferior

0   1   2   3 cm

DETALHES MORFOLÓGICOS

Espinho nos ramos

Extremidade das nervuras secundárias transformada em glândulas

Allophylus edulis
(A. St.-Hil. *et al.*) Hieron. ex Niederl.

SAPINDACEAE
Chal-chal

Produção de sementes e mudas

COLETA DE SEMENTES
Período: novembro a janeiro.
Técnica: coleta dos frutos de coloração vermelha direto da árvore, com podão.
Altura média das matrizes: 5 a 10 m.

BENEFICIAMENTO
Técnica: esfregar os frutos em peneira sob água corrente para a remoção da polpa e separação das sementes.
Secagem: tolerante.
Armazenamento: < 6 meses.

SEMEADURA
Quebra de dormência: desnecessária.
Germinação esperada: 60% a 80%.
Tempo para emergência: 15 a 30 dias.

PRODUÇÃO DE MUDAS
Tolerância à repicagem: alta.
Pragas e doenças: nada em particular.
Tempo de produção: 3 a 4 meses; *altura*: 20 a 30 cm; *diâmetro do colo*: > 3 mm.

Fruto: carnoso, dispersão por animais.

Semente: ortodoxa, sem dormência, 9.600 sementes/kg.

Face superior

Face inferior

0 1 2 3 cm

DETALHES MORFOLÓGICOS

Estípulas

Lenticelas abundantes em ramos novos, pequenas brotações na axila das folhas

Allophylus petiolulatus Radlk.

SAPINDACEAE
Vacum-serra

Produção de sementes e mudas

COLETA DE SEMENTES
Período: novembro a janeiro.
Técnica: coleta dos frutos de coloração vermelha direto da árvore, com podão, quando outros frutos da mesma árvore já tiverem começado a cair.
Altura média das matrizes: 5 a 10 m.

BENEFICIAMENTO
Técnica: esfregar os frutos em peneira sob água corrente para a remoção da polpa e separação das sementes.

Secagem: tolerante.
Armazenamento: > 6 meses.

SEMEADURA
Quebra de dormência: desnecessária.
Germinação esperada: 60% a 80%.
Tempo para emergência: 15 a 30 dias.

PRODUÇÃO DE MUDAS
Tolerância à repicagem: alta.
Pragas e doenças: nada em particular.
Tempo de produção: 3 a 4 meses; *altura*: 20 a 30 cm; *diâmetro do colo*: > 3 mm.

Fruto: carnoso, dispersão por animais.

Semente: ortodoxa, sem dormência, 3.300 sementes/kg.

Face superior

Face inferior

0 1 2 3 cm

DETALHES MORFOLÓGICOS

Caule esbranquiçado

Folha pilosa, com borda serreada e nervuras salientes

Cupania scrobiculata Rich.

SAPINDACEAE
Camboatã-do-morro

Produção de sementes e mudas

COLETA DE SEMENTES
Período: setembro a novembro.
Técnica: coleta dos frutos de coloração amarela e ainda fechados direto da árvore, com podão, quando outros frutos da mesma árvore já tiverem começado a se abrir.
Altura média das matrizes: 6 a 8 m.

BENEFICIAMENTO
Técnica: secar os frutos à sombra até se abrirem de forma espontânea, separar as sementes manualmente e esfregá-las em peneira sob água corrente para a remoção do arilo.

Secagem: pouco tolerante.
Armazenamento: < 3 meses.

SEMEADURA
Quebra de dormência: desnecessária.
Germinação esperada: 60% a 80%.
Tempo para emergência: 30 a 45 dias.

PRODUÇÃO DE MUDAS
Tolerância à repicagem: alta.
Pragas e doenças: nada em particular.
Tempo de produção: 3 a 4 meses; *altura*: 15 a 30 cm; *diâmetro do colo*: > 4 mm.

Fruto: seco deiscente, expondo sementes com arilo, dispersão por animais.

Semente: intermediária, sem dormência, 1.800 sementes/kg.

Face superior　　　　　　　　　　　　　　　　　　　　　　Face inferior

0　　1　　2　　3 cm

DETALHES MORFOLÓGICOS

Prolongamento da raque

Primeiras folhas simples e as seguintes compostas, incluindo folhas em "transição"

Matayba elaegnoides Radlk.

SAPINDACEAE
Camboatã-branco

Produção de sementes e mudas

COLETA DE SEMENTES
Período: setembro a novembro.
Técnica: coleta dos frutos de coloração avermelhada e ainda fechados direto da árvore, com podão, quando outros frutos da mesma árvore já tiverem começado a se abrir.
Altura média das matrizes: 8 a 10 m.

BENEFICIAMENTO
Técnica: secar os frutos à sombra até se abrirem de forma espontânea, separar as sementes manualmente e esfregá-las em peneira sob água corrente para a remoção do arilo.
Secagem: pouco tolerante.
Armazenamento: < 3 meses.

SEMEADURA
Quebra de dormência: desnecessária.
Germinação esperada: 60% a 80%.
Tempo para emergência: 30 a 45 dias.

PRODUÇÃO DE MUDAS
Tolerância à repicagem: alta.
Pragas e doenças: nada em particular.
Tempo de produção: 3 a 4 meses; *altura*: 15 a 30 cm; *diâmetro do colo*: > 3 mm.

Fruto: seco deiscente, expondo sementes com arilo, dispersão por animais.

Semente: intermediária, sem dormência, 3.250 sementes/kg.

Face superior

Face inferior

0 1 2 3 cm

DETALHES MORFOLÓGICOS

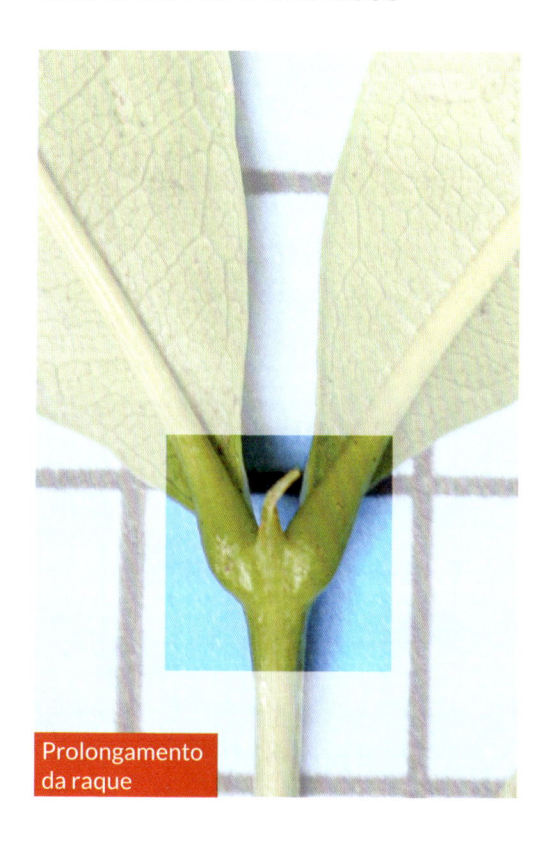

Prolongamento da raque

Primeiras folhas simples e as seguintes compostas, incluindo folhas em "transição"

Sapindus saponaria L.

SAPINDACEAE
Saboneteiro

Produção de sementes e mudas

COLETA DE SEMENTES
Período: julho a setembro.
Técnica: coleta dos frutos de coloração marrom direto da árvore, com podão, quando outros frutos da mesma árvore já tiverem começado a cair.
Altura média das matrizes: 5 a 10 m.

BENEFICIAMENTO
Técnica: esfregar os frutos em peneira sob água corrente para a remoção da polpa e separação das sementes.
Secagem: tolerante.
Armazenamento: < 1 ano.

SEMEADURA
Quebra de dormência: escarificação mecânica em esmeril.
Germinação esperada: 80% a 100%.
Tempo para emergência: < 15 dias.

PRODUÇÃO DE MUDAS
Tolerância à repicagem: alta.
Pragas e doenças: nada em particular.
Tempo de produção: 3 a 4 meses; *altura*: 20 a 30 cm; *diâmetro do colo*: > 3 mm.

Fruto: carnoso, dispersão por animais.

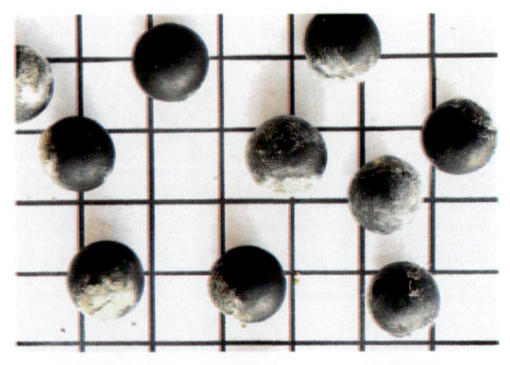

Semente: ortodoxa, tegumento impermeável, 1.870 sementes/kg.

Face superior

Face inferior

0 1 2 3 cm

DETALHES MORFOLÓGICOS

Engrossamento da base do pecíolo

Raque alada

Talisia esculenta (Cambess.) Radlk.

SAPINDACEAE
Pitomba

Produção de sementes e mudas

COLETA DE SEMENTES
Período: janeiro a março.
Técnica: coleta dos frutos de coloração amarelo-escura do chão ou direto da árvore, com podão.
Altura média das matrizes: 5 a 10 m.

BENEFICIAMENTO
Técnica: esfregar os frutos em peneira sob água corrente para a remoção da polpa e separação das sementes.
Secagem: intolerante.
Armazenamento: < 3 meses.

SEMEADURA
Quebra de dormência: desnecessária.
Germinação esperada: 60% a 80%.
Tempo para emergência: 15 a 30 dias.

PRODUÇÃO DE MUDAS
Tolerância à repicagem: alta.
Pragas e doenças: nada em particular.
Tempo de produção: 3 a 4 meses; *altura*: 20 a 30 cm; *diâmetro do colo*: > 3 mm.

Fruto: carnoso, dispersão por animais.

Semente: recalcitrante, sem dormência, 150 sementes/kg.

Face superior

Face inferior

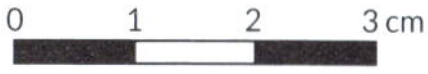

DETALHES MORFOLÓGICOS

Raque com estrias salientes

Prolongamento da raque

Chrysophyllum gonocarpum (Mart. & Eichl.) Engl.

SAPOTACEAE
Guatambu-de-sapo

Produção de sementes e mudas

COLETA DE SEMENTES
Período: agosto a outubro.
Técnica: coleta dos frutos de coloração amarela direto da árvore, com podão.
Altura média das matrizes: 8 a 12 m.

BENEFICIAMENTO
Técnica: esfregar os frutos em peneira sob água corrente para a remoção da polpa e separação das sementes.
Secagem: pouco tolerante.
Armazenamento: < 3 meses.

SEMEADURA
Quebra de dormência: desnecessária.
Germinação esperada: 60% a 80%.
Tempo para emergência: 30 a 45 dias.

PRODUÇÃO DE MUDAS
Tolerância à repicagem: média.
Pragas e doenças: nada em particular.
Tempo de produção: 4 a 5 meses; *altura*: 15 a 20 cm; *diâmetro do colo*: > 3 mm.

Fruto: carnoso, dispersão por animais.

Semente: intermediária, sem dormência, 5.000 sementes/kg.

Face superior

Face inferior

0 1 2 3 cm

DETALHES MORFOLÓGICOS

Látex

Nervura central saliente

Chrysophyllum marginatum (Hook. & Arn.) Radlk.

SAPOTACEAE
Aguaí

Produção de sementes e mudas

COLETA DE SEMENTES
Período: junho a agosto.
Técnica: coleta dos frutos de coloração preta, forrando o chão com uma lona e balançando os galhos.
Altura média das matrizes: 8 a 12 m.

BENEFICIAMENTO
Técnica: esfregar os frutos em peneira sob água corrente para a remoção da polpa e separação das sementes.
Secagem: pouco tolerante.
Armazenamento: < 3 meses.

SEMEADURA
Quebra de dormência: desnecessária.
Germinação esperada: 60% a 80%.
Tempo para emergência: 15 a 30 dias.

PRODUÇÃO DE MUDAS
Tolerância à repicagem: baixa.
Pragas e doenças: nada em particular.
Tempo de produção: 6 a 7 meses; *altura*: 15 a 20 cm; *diâmetro do colo*: > 3 mm.

Fruto: carnoso, dispersão por animais.

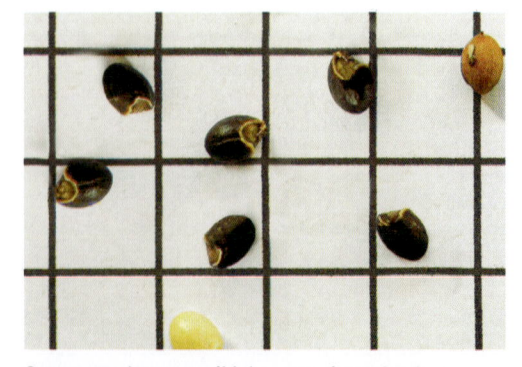

Semente: intermediária, sem dormência, 5.500 sementes/kg.

Face superior

Face inferior

0 1 2 3 cm

DETALHES MORFOLÓGICOS

Pilosidade ferrugínea em brotações, nervura central saliente

Folhas maduras lisas, verde escuro

Pouteria caimito
(Ruiz & Pav.) Radlk.

SAPOTACEAE
Abiu

Produção de sementes e mudas

COLETA DE SEMENTES
Período: outubro a dezembro.
Técnica: coleta dos frutos de coloração amarela direto da árvore, com podão.
Altura média das matrizes: 15 a 20 m.

BENEFICIAMENTO
Técnica: esfregar os frutos em peneira sob água corrente para a remoção da polpa e separação das sementes.
Secagem: pouco tolerante.
Armazenamento: < 3 meses.

SEMEADURA
Quebra de dormência: desnecessária.
Germinação esperada: 60% a 80%.
Tempo para emergência: 15 a 30 dias.

PRODUÇÃO DE MUDAS
Tolerância à repicagem: média.
Pragas e doenças: nada em particular.
Tempo de produção: 3 a 4 meses; *altura*: 15 a 20 cm; *diâmetro do colo*: > 3 mm.

Fruto: carnoso, dispersão por animais.

Semente: intermediária, sem dormência, 260 sementes/kg.

Face superior

Face inferior

0　1　2　3 cm

DETALHES MORFOLÓGICOS

Látex

Nervura central saliente

Pouteria glomerata var. glabrescens
Huber

SAPOTACEAE
Laranjinha-de-pacu

Produção de sementes e mudas

COLETA DE SEMENTES
Período: fevereiro a abril.
Técnica: coleta dos frutos de coloração amarela direto da árvore, com podão.
Altura média das matrizes: 8 a 12 m.

BENEFICIAMENTO
Técnica: esfregar os frutos em peneira sob água corrente para a remoção da polpa e separação das sementes.
Secagem: pouco tolerante.
Armazenamento: < 3 meses.

SEMEADURA
Quebra de dormência: escarificação mecânica em esmeril.
Germinação esperada: 40% a 60%.
Tempo para emergência: 60 a 90 dias.

PRODUÇÃO DE MUDAS
Tolerância à repicagem: média.
Pragas e doenças: nada em particular.
Tempo de produção: 4 a 5 meses; *altura*: 15 a 20 cm; *diâmetro do colo*: > 3 mm.

Fruto: carnoso, dispersão por animais.

Semente: intermediária, tegumento impermeável, 300 sementes/kg.

Face superior Face inferior

0　1　2　3 cm

DETALHES MORFOLÓGICOS

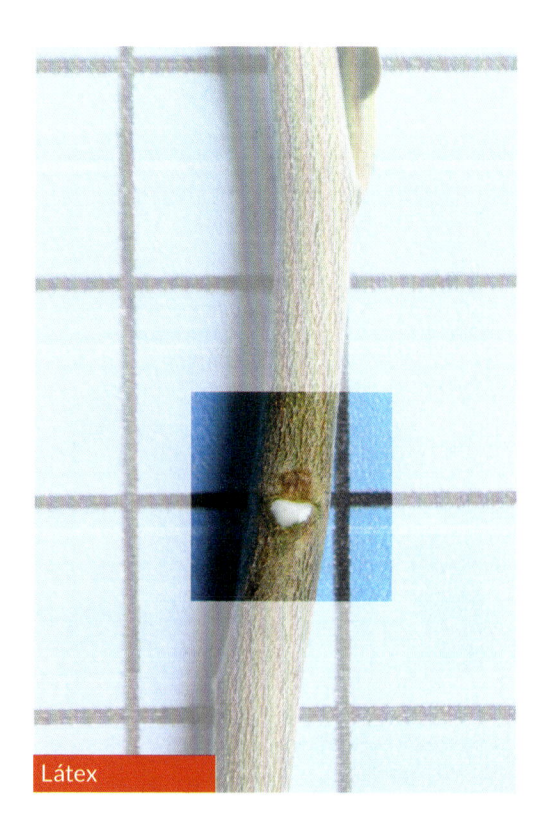

Látex

Folhas com inserção espiralada

Pouteria torta (Mart.) Radlk.

SAPOTACEAE
Guapeva

Produção de sementes e mudas

COLETA DE SEMENTES
Período: dezembro a fevereiro.
Técnica: coleta dos frutos de coloração verde-amarelada direto da árvore, com podão.
Altura média das matrizes: 6 a 8 m.

BENEFICIAMENTO
Técnica: esfregar os frutos em peneira sob água corrente para a remoção da polpa e separação das sementes.
Secagem: pouco tolerante.
Armazenamento: < 3 meses.

SEMEADURA
Quebra de dormência: desnecessária.
Germinação esperada: 60% a 80%.
Tempo para emergência: 15 a 30 dias.

PRODUÇÃO DE MUDAS
Tolerância à repicagem: média.
Pragas e doenças: nada em particular.
Tempo de produção: 3 a 4 meses; *altura*: 20 a 30 cm; *diâmetro do colo*: > 4 mm.

Fruto: carnoso, dispersão por animais.

Semente: intermediária, sem dormência, 300 sementes/kg.

Face superior

Face inferior

0 1 2 3 cm

DETALHES MORFOLÓGICOS

Látex

Pilosidade abundante em brotações

Simarouba versicolor A. St.-Hil.

SIMAROUBACEAE
Perdiz

Produção de sementes e mudas

COLETA DE SEMENTES
Período: novembro a janeiro.
Técnica: coleta dos frutos de coloração preta direto da árvore, com podão.
Altura média das matrizes: 5 a 10 m.

BENEFICIAMENTO
Técnica: esfregar os frutos em peneira sob água corrente para a remoção da polpa e separação das sementes.
Secagem: tolerante.
Armazenamento: < 6 meses.

SEMEADURA
Quebra de dormência: desnecessária.
Germinação esperada: 40% a 60%.
Tempo para emergência: 30 a 45 dias.

PRODUÇÃO DE MUDAS
Tolerância à repicagem: média.
Pragas e doenças: nada em particular.
Tempo de produção: 3 a 4 meses; *altura*: 15 a 30 cm; *diâmetro do colo*: > 3 mm.

Fruto: carnoso, dispersão por animais.

Semente: ortodoxa, sem dormência, 2.130 sementes/kg.

Face superior

Face inferior

0 1 2 3 cm

DETALHES MORFOLÓGICOS

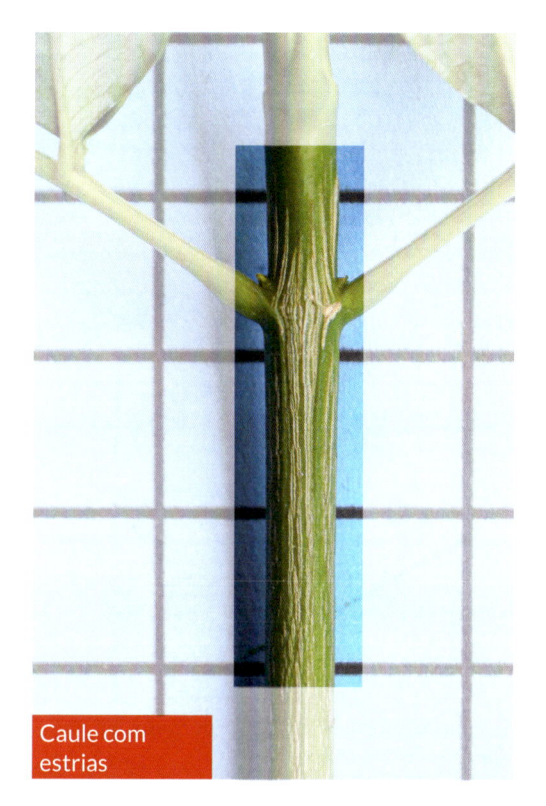

Caule com estrias

Folhas discolores

Siparuna guianensis Aubl.

SIPARUNACEAE
Capitiú

Produção de sementes e mudas

COLETA DE SEMENTES
Período: março a maio.
Técnica: coleta dos frutos de coloração verde-amarelada, já abertos ou ainda fechados, direto da árvore, com podão, quando outros frutos da mesma árvore já tiverem começado a se abrir.
Altura média das matrizes: 5 a 10 m.

BENEFICIAMENTO
Técnica: esfregar os frutos em peneira sob água corrente para a remoção da polpa e separação das sementes.

Secagem: pouco tolerante.
Armazenamento: < 1 mês.

SEMEADURA
Quebra de dormência: desnecessária.
Germinação esperada: 60% a 80%.
Tempo para emergência: 15 a 30 dias.

PRODUÇÃO DE MUDAS
Tolerância à repicagem: alta.
Pragas e doenças: nada em particular.
Tempo de produção: 3 a 4 meses; *altura*: 20 a 30 cm; *diâmetro do colo*: > 4 mm.

Fruto: carnoso, dispersão por animais.

Semente: intermediária, sem dormência, 33.000 sementes/kg.

Face superior   Face inferior

0 1 2 3 cm

DETALHES MORFOLÓGICOS

Caule e pecíolos arroxeados

Brotação apical em forma de "lança"

Cestrum schlechtendalii
G. Don.

SOLANACEAE
Cestrum

Produção de sementes e mudas

COLETA DE SEMENTES
Período: janeiro a março.
Técnica: coleta dos frutos de coloração roxa direto da árvore, com podão.
Altura média das matrizes: 5 a 10 m.

BENEFICIAMENTO
Técnica: esfregar os frutos em peneira sob água corrente para a remoção da polpa e separação das sementes.
Secagem: intolerante.
Armazenamento: < 1 mês.

SEMEADURA
Quebra de dormência: desnecessária.
Germinação esperada: 80% a 100%.
Tempo para emergência: < 15 dias.

PRODUÇÃO DE MUDAS
Tolerância à repicagem: alta.
Pragas e doenças: nada em particular.
Tempo de produção: 3 a 4 meses; *altura*: 20 a 30 cm; *diâmetro do colo*: > 3 mm.

Fruto: carnoso, dispersão por animais.

Semente: recalcitrante, sem dormência, 25.000 sementes/kg.

Face superior

Face inferior

0 1 2 3 cm

DETALHES MORFOLÓGICOS

Nervuras sulcadas na face inferior da folha

Folhas discolores

Solanum cernuum Vell.

SOLANACEAE
Panaceia

Produção de sementes e mudas

COLETA DE SEMENTES
Período: outubro a dezembro.
Técnica: coleta dos frutos de coloração vermelho-escura direto da árvore, com podão. Como os frutos permanecem camuflados no cacho, deve-se ter especial atenção para coletá-los apenas quando estiverem bem "granados".
Altura média das matrizes: 4 a 6 m.

BENEFICIAMENTO
Técnica: esfregar os frutos em peneira sob água corrente para a remoção da polpa e separação das sementes.

Secagem: tolerante.
Armazenamento: > 1 ano.

SEMEADURA
Quebra de dormência: desnecessária.
Germinação esperada: 80% a 100%.
Tempo para emergência: < 15 dias.

PRODUÇÃO DE MUDAS
Tolerância à repicagem: alta.
Pragas e doenças: nada em particular.
Tempo de produção: 3 a 4 meses; *altura*: 20 a 30 cm; *diâmetro do colo*: > 4 mm.

Fruto: carnoso, dispersão por animais.

Semente: ortodoxa, sem dormência, 140.000 sementes/kg.

Face superior

Face inferior

0 1 2 3 cm

DETALHES MORFOLÓGICOS

Ramos muito pilosos

Folhas pilosas e discolores

Solanum pseudoquina
A. St.Hil.

SOLANACEAE
Quina-de-São-Paulo

Produção de sementes e mudas

COLETA DE SEMENTES
Período: agosto a outubro.
Técnica: coleta dos frutos de coloração verde-amarelada direto da árvore, com podão. Como os frutos permanecem esverdeados até o final da maturação, deve-se ter especial atenção para coletá-los apenas quando as sementes já estiverem bem "granadas".
Altura média das matrizes: 5 a 10 m.

BENEFICIAMENTO
Técnica: esfregar os frutos em peneira sob água corrente para a remoção da polpa e separação das sementes.

Secagem: tolerante.
Armazenamento: > 1 ano.

SEMEADURA
Quebra de dormência: desnecessária.
Germinação esperada: 80% a 100%.
Tempo para emergência: < 15 dias

PRODUÇÃO DE MUDAS
Tolerância à repicagem: alta.
Pragas e doenças: nada em particular.
Tempo de produção: 3 a 4 meses; *altura*: 20 a 30 cm; *diâmetro do colo*: > 3 mm.

Fruto: carnoso, dispersão por animais.

Semente: ortodoxa, sem dormência, 160.000 sementes/kg.

Face superior   Face inferior

0   1   2   3 cm

DETALHES MORFOLÓGICOS

Pecíolo alado

Borda do limbo ondulada

Solanum robustum Wendl.

SOLANACEAE
Joá-açu

Produção de sementes e mudas

COLETA DE SEMENTES
Período: agosto a outubro.
Técnica: coleta dos frutos de coloração amarela direto da árvore, com podão, quando outros frutos da mesma árvore já tiverem começado a cair.
Altura média das matrizes: < 5 m.

BENEFICIAMENTO
Técnica: esfregar os frutos em peneira sob água corrente para a remoção da polpa e separação das sementes.
Secagem: tolerante.
Armazenamento: > 1 ano.

SEMEADURA
Quebra de dormência: desnecessária.
Germinação esperada: 60% a 80%.
Tempo para emergência: < 15 dias.

PRODUÇÃO DE MUDAS
Tolerância à repicagem: alta.
Pragas e doenças: nada em particular.
Tempo de produção: 3 a 4 meses; *altura*: 20 a 30 cm; *diâmetro do colo*: > 3 mm.

Fruto: carnoso, dispersão por animais.

Semente: ortodoxa, sem dormência, 120.000 sementes/kg.

Face superior   Face inferior

DETALHES MORFOLÓGICOS

Acúleos abundantes nos ramos

Acúleos e pilosidade abundantes no pecíolo e face inferior das folhas

Laplacea fruticosa (Schrad.) Kobuski

THEACEAE
Pau-de-Santa-Rita

Produção de sementes e mudas

COLETA DE SEMENTES
Período: agosto a setembro.
Técnica: coleta dos frutos de coloração marrom e ainda fechados direto da árvore, com podão, quando outros frutos da mesma árvore já tiverem começado a se abrir.
Altura média das matrizes: 8 a 15 m.

BENEFICIAMENTO
Técnica: secar os frutos ao sol até a abertura espontânea e liberação das sementes, para posterior separação manual com auxílio de peneira.

Secagem: tolerante.
Armazenamento: > 1 ano.

SEMEADURA
Quebra de dormência: desnecessária.
Germinação esperada: 60% a 90%.
Tempo para emergência: < 15 dias.

PRODUÇÃO DE MUDAS
Tolerância à repicagem: alta.
Pragas e doenças: nada em particular.
Tempo de produção: 3 a 4 meses; *altura*: 15 a 30 cm; *diâmetro do colo*: > 3 mm.

Fruto: seco deiscente, liberando sementes aladas, dispersão pelo vento.

Semente: ortodoxa, sem dormência, 250.000 sementes/kg.

Face superior

Face inferior

0 1 2 3 cm

DETALHES MORFOLÓGICOS

Caule marrom, contrastando com os pecíolos verdes

Borda serreada

Boehmeria caudata Sw.

URTICACEAE
Urtiga-mansa

Produção de sementes e mudas

COLETA DE SEMENTES
Período: janeiro a março.
Técnica: coleta dos frutos de coloração amarela direto da árvore, com podão.
Altura média das matrizes: < 5 m.

BENEFICIAMENTO
Técnica: secar os frutos ao sol e esfregá-los em uma peneira para a separação das sementes.
Secagem: tolerante.
Armazenamento: > 1 ano.

SEMEADURA
Quebra de dormência: desnecessária.
Germinação esperada: 60% a 80%.
Tempo para emergência: < 15 dias.

PRODUÇÃO DE MUDAS
Tolerância à repicagem: alta.
Pragas e doenças: nada em particular.
Tempo de produção: 3 a 4 meses; *altura*: 20 a 30 cm; *diâmetro do colo*: > 3 mm.

Fruto: seco deiscente, liberando sementes aladas, dispersão pelo vento.

Semente: ortodoxa, sem dormência, 6.000.000 sementes/kg.

Face superior

Face inferior

0 1 2 3 cm

DETALHES MORFOLÓGICOS

Caule sulcado, estípulas

Nervuras salientes, com destaque para três nervuras saindo da base do limbo

Citharexylum solanaceum Cham.

VERBENACEAE
Tarumã-grande

Produção de sementes e mudas

COLETA DE SEMENTES
Período: janeiro a março.
Técnica: coleta dos frutos de coloração vermelha direto da árvore, com podão.
Altura média das matrizes: 5 a 10 m.

BENEFICIAMENTO
Técnica: esfregar os frutos em peneira sob água corrente para a remoção da polpa e separação das sementes.
Secagem: tolerante.
Armazenamento: > 1 ano.

SEMEADURA
Quebra de dormência: desnecessária.
Germinação esperada: 60% a 80%.
Tempo para emergência: 15 a 30 dias.

PRODUÇÃO DE MUDAS
Tolerância à repicagem: alta.
Pragas e doenças: nada em particular.
Tempo de produção: 3 a 4 meses; *altura*: 20 a 30 cm; *diâmetro do colo*: > 4 mm.

Fruto: carnoso, dispersão por animais.

Semente: ortodoxa, sem dormência, 18.000 sementes/kg.

Face superior

Face inferior

0 1 2 3 cm

DETALHES MORFOLÓGICOS

Caule quadrangular

Glândulas na base do limbo

Callisthene minor
Spreng. Mart.

VOCHYSIACEAE
Pau-de-pilão

Produção de sementes e mudas

COLETA DE SEMENTES
Período: setembro a novembro.
Técnica: coleta dos frutos de coloração marrom e ainda fechados direto da árvore, com podão, quando outros frutos da mesma árvore já tiverem começado a se abrir.
Altura média das matrizes: 12 a 15 m.

BENEFICIAMENTO
Técnica: secar os frutos ao sol até a abertura espontânea e liberação das sementes, para posterior separação manual com auxílio de peneira.

Secagem: tolerante.
Armazenamento: > 1 ano.

SEMEADURA
Quebra de dormência: desnecessária.
Germinação esperada: 60% a 80%.
Tempo para emergência: < 15 dias.

PRODUÇÃO DE MUDAS
Tolerância à repicagem: alta.
Pragas e doenças: nada em particular.
Tempo de produção: 3 a 4 meses; *altura*: 15 a 30 cm; *diâmetro do colo*: > 4 mm.

Fruto: seco deiscente, liberando sementes aladas, dispersão pelo vento.

Semente: ortodoxa, sem dormência, 110.000 sementes/kg.

Face superior

Face inferior

0　　　　1　　　　2　　　　3 cm

DETALHES MORFOLÓGICOS

Caule descamante

Pilosidade branca em brotações

Qualea dichotoma var. *dichotoma* (Mart.) Warm.

VOCHYSIACEAE
Pau-terra-de-areia

Produção de sementes e mudas

COLETA DE SEMENTES
Período: julho a setembro.
Técnica: coleta dos frutos de coloração marrom e ainda fechados direto da árvore, com podão, quando outros frutos da mesma árvore já tiverem começado a se abrir.
Altura média das matrizes: 5 a 10 m.

BENEFICIAMENTO
Técnica: secar os frutos ao sol até a abertura espontânea e liberação das sementes, para posterior separação manual com auxílio de peneira.

Fruto: seco deiscente, liberando sementes aladas, dispersão pelo vento.

Secagem: tolerante.
Armazenamento: < 6 meses.

SEMEADURA
Quebra de dormência: desnecessária.
Germinação esperada: 40% a 60%.
Tempo para emergência: < 15 dias.

PRODUÇÃO DE MUDAS
Tolerância à repicagem: baixa.
Pragas e doenças: nada em particular.
Tempo de produção: 3 a 4 meses; *altura*: 15 a 20 cm; *diâmetro do colo*: > 2 mm.

Semente: ortodoxa, sem dormência, 65.300 sementes/kg.

Face superior

Face inferior

0 1 2 3 cm

DETALHES MORFOLÓGICOS

Brotação arroxeada, limbo muito próximo aos ramos, com pecíolo diminuto

Folhas discolores

Qualea grandiflora Mart.

VOCHYSIACEAE
Pau-terra-graúdo

Produção de sementes e mudas

COLETA DE SEMENTES
Período: julho a setembro.
Técnica: coleta dos frutos de coloração marrom e ainda fechados direto da árvore, com podão, quando outros frutos da mesma árvore já tiverem começado a se abrir.
Altura média das matrizes: 5 a 10 m.

BENEFICIAMENTO
Técnica: secar os frutos ao sol até a abertura espontânea e liberação das sementes, para posterior separação manual com auxílio de peneira.

Secagem: tolerante.
Armazenamento: < 6 meses.

SEMEADURA
Quebra de dormência: desnecessária.
Germinação esperada: 30% a 50%.
Tempo para emergência: < 15 dias.

PRODUÇÃO DE MUDAS
Tolerância à repicagem: baixa.
Pragas e doenças: nada em particular.
Tempo de produção: 3 a 5 meses; *altura*: 15 a 20 cm; *diâmetro do colo*: > 2 mm.

Fruto: seco deiscente, liberando sementes aladas, dispersão pelo vento.

Semente: ortodoxa, sem dormência, 6.500 sementes/kg.

Face superior   Face inferior

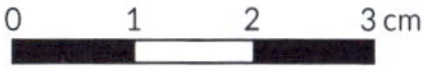

DETALHES MORFOLÓGICOS

Limbo muito próximo aos ramos, com pecíolo diminuto

Glândulas na base do pecíolo

Qualea multiflora
Mart.

VOCHYSIACEAE
Pau-terra-da-mata

Produção de sementes e mudas

COLETA DE SEMENTES
Período: agosto a setembro.
Técnica: coleta dos frutos de coloração marrom e ainda fechados direto da árvore, com podão, quando outros frutos da mesma árvore já tiverem começado a se abrir.
Altura média das matrizes: 12 a 15 m.

BENEFICIAMENTO
Técnica: secar os frutos ao sol até a abertura espontânea e liberação das sementes, para posterior separação manual com auxílio de peneira.

Secagem: tolerante.
Armazenamento: < 6 meses.

SEMEADURA
Quebra de dormência: desnecessária.
Germinação esperada: 40% a 60%.
Tempo para emergência: < 15 dias.

PRODUÇÃO DE MUDAS
Tolerância à repicagem: baixa.
Pragas e doenças: nada em particular.
Tempo de produção: 3 a 4 meses; *altura*: 15 a 20 cm; *diâmetro do colo*: > 2 mm.

Fruto: seco deiscente, liberando sementes aladas, dispersão pelo vento.

Semente: ortodoxa, sem dormência, 12.500 sementes/kg.

Face superior

Face inferior

0 1 2 3 cm

DETALHES MORFOLÓGICOS

Caule descamante

Glândulas no caule e na base do pecíolo

Qualea multiflora subsp. pubescens (Mart.) Stafleu

VOCHYSIACEAE
Pau-terra-miúdo

Produção de sementes e mudas

COLETA DE SEMENTES
Período: julho a setembro.
Técnica: coleta dos frutos de coloração marrom e ainda fechados direto da árvore, com podão, quando outros frutos da mesma árvore já tiverem começado a se abrir.
Altura média das matrizes: 5 a 8 m.

BENEFICIAMENTO
Técnica: secar os frutos ao sol até a abertura espontânea e liberação das sementes, para posterior separação manual com auxílio de peneira.

Secagem: tolerante.
Armazenamento: < 6 meses.

SEMEADURA
Quebra de dormência: desnecessária.
Germinação esperada: 40% a 60%.
Tempo para emergência: < 15 dias.

PRODUÇÃO DE MUDAS
Tolerância à repicagem: baixa.
Pragas e doenças: nada em particular.
Tempo de produção: 3 a 4 meses; *altura*: 15 a 20 cm; *diâmetro do colo*: > 2 mm.

Fruto: seco deiscente, liberando sementes aladas, dispersão pelo vento.

Semente: ortodoxa, sem dormência, 9.000 sementes/kg.

Face superior   Face inferior

0   1   2   3 cm

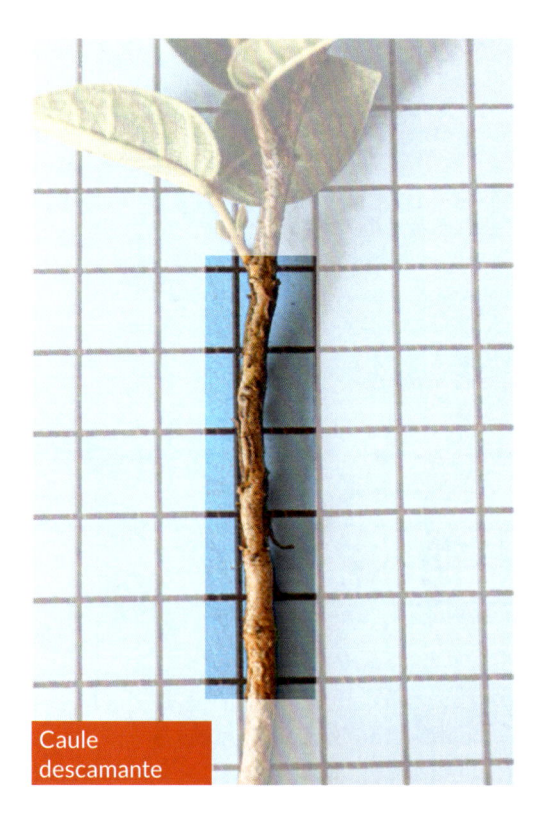

DETALHES MORFOLÓGICOS

Caule descamante

Folhas e ramos pilosos; limbo muito próximo aos ramos, com pecíolo diminuto

Vochysia tucanorum Mart.

VOCHYSIACEAE
Cinzeiro

Produção de sementes e mudas

COLETA DE SEMENTES
Período: agosto a outubro.
Técnica: coleta dos frutos de coloração verde e ainda fechados direto da árvore, com podão, quando outros frutos da mesma árvore já tiverem começado a se abrir.
Altura média das matrizes: 5 a 10 m.

BENEFICIAMENTO
Técnica: secar os frutos ao sol até a abertura espontânea e liberação das sementes, para posterior separação manual com auxílio de peneira.

Secagem: tolerante.
Armazenamento: < 6 meses.

SEMEADURA
Quebra de dormência: desnecessária.
Germinação esperada: 40% a 60%.
Tempo para emergência: 15 a 30 dias.

PRODUÇÃO DE MUDAS
Tolerância à repicagem: média.
Pragas e doenças: nada em particular.
Tempo de produção: 4 a 5 meses; *altura*: 15 a 20 cm; *diâmetro do colo*: > 3 mm.

Fruto: seco deiscente, liberando sementes aladas, dispersão pelo vento.

Semente: ortodoxa, sem dormência, 5.400 sementes/kg.

Face superior

Face inferior

0 1 2 3 cm

DETALHES MORFOLÓGICOS

Caule quadrangular, estípulas

Nervura central saliente

ÍNDICE DE FAMÍLIAS

A
Achariaceae 36
Anacardiaceae 38 a 48
Annonaceae 50 a 58
Apocynaceae 60 a 68
Aquifoliaceae 70
Araliaceae 72 a 74
Arecaceae 76
Asparagaceae 78
Asteraceae 80 a 88

B
Bignoniaceae 90 a 92
Bixaceae 94
Boraginaceae 96 a 98
Burseraceae 100

C
Calophyllaceae 102
Cardiopteridaceae 104
Celastraceae 106 a 108
Chloranthaceae 110
Chrysobalanaceae 112 a 114
Clusiaceae 116 a 118
Combretaceae 120 a 122
Connaraceae 124

D
Dilleniaceae 126

E
Ebenaceae 128
Erythroxylaceae 130 a 132
Euphorbiaceae 134 a 148

F
Fabaceae 150 a 236

L
Lauraceae 238 a 248
Lecythidaceae 250 a 254
Loganiaceae 256 a 258
Lythraceae 260

M
Malpighiaceae 262 a 264
Malvaceae 266 a 290
Melastomataceae 292 a 296
Meliaceae 298 a 300
Moraceae 302 a 308
Myrtaceae 310 a 350

N
Nyctaginaceae 352

O
Ochnaceae 354

P
Piperaceae 356
Polygonaceae 358 a 362
Primulaceae 364 a 366

R
Rhamnaceae 368
Rubiaceae 370 a 388
Rutaceae 390 a 392

S
Salicaceae 394 a 402
Sapindaceae 404 a 414
Sapotaceae 416 a 424
Simaroubaceae 426
Siparunaceae 428
Solanaceae 430 a 436

T
Theaceae 438

U
Urticaceae 440

V
Verbenaceae 442
Vochysiaceae 444 a 454

ÍNDICE DE ESPÉCIES
nome científico

Alchornea triplinervia 134
Allophylus edulis 404
Allophylus petiolulatus 406
Anacardium occidentale 38
Annona coriacea 50
Annona crassiflora 52
Annona montana 54
Annona sylvatica 56
Aspidosperma riedelii
subsp. *oliganthum* 60
Aspidosperma subincanum 62
Aspidosperma tomentosum 64
Astronium fraxinifolium 40
Bixa orellana 94
Boehmeria caudata 440
Bowdichia virgilioides 150
Brosimum gaudichaudii 302
Byrsonima crassifolia 262
Calliandra brevipes 152
Callisthene minor 444
Calycophyllum spruceanum 370
Campomanesia phaea 310
Campomanesia velutina 312
Carpotroche brasiliensis 36
Casearia decandra 394
Casearia gossypiosperma 396
Casearia lasiophylla 398
Casearia rupestris 400
Cassia ferruginea 154
Cassia grandis 156
Ceiba glaziovii 266
Ceiba pentandra 268
Cenostigma pluviosum 158
Cenostigma pyramidale var. *diversifolium* 160

Cestrum schlechtendalii 430
Chloroleucon tortum 162
Chomelia pohliana 372
Chrysophyllum gonocarpum 416
Chrysophyllum marginatum 418
Citharexylum solanaceum 442
Citronella gongonha 104
Clitoria fairchildiana 164
Clusia criuva 116
Coccoloba cujabensis 358
Connarus suberosus 124
Conocarpus erectus 120
Cordia alliodora 96
Cordia glabrata 98
Cordyline spectabilis 78
Couroupita guianensis 250
Coussarea hydrangeifolia 376
Coutarea hexandra 378
Cupania scrobiculata 408
Curatella americana 126
Cybianthus densicomus 364
Cyclolobium brasiliense 166
Dalbergia nigra 168
Dalbergia villosa 170
Didymopanax macrocarpus 72
Didymopanax vinosus 74
Diospyros lasiocalyx 128
Diptychandra aurantiaca subsp. *aurantiaca* 172
Endlicheria paniculata 238
Enterolobium gummiferum 174
Enterolobium timbouva 176
Eremanthus elaeagnus 80
Eremanthus glomerulatus 82
Eriotheca gracilipes 270

Eriotheca pubescens 272
Erythrina crista-galli 178
Erythrina fusca 180
Erythrina velutina 182
Erythrina verna 184
Erythroxylum cuneifolium 130
Erythroxylum deciduum 132
Eugenia aurata 314
Eugenia bimarginata 316
Eugenia candolleana 318
Eugenia florida 320
Eugenia hiemalis 322
Eugenia myrcianthes 324
Eugenia paracatuana 326
Eugenia stipitata 328
Euterpe oleracea 76
Faramea latifolia 380
Feijoa sellowiana 330
Ficus enormis 304
Ficus hirsuta 306
Garcinia gardneriana 118
Geissanthus ambiguus 366
Guapira noxia 352
Guazuma crinita 274
Guettarda pohliana 382
Guettarda viburnoides 384
Guibourtia hymenifolia 186
Gustavia augusta 252
Gymnanthes klotzschiana 136
Hancornia speciosa 66
Handroanthus vellosoi 90
Hedyosmum brasiliensis 110
Helicteres brevispira 276
Hevea brasiliensis 138
Hieronyma alchorneoides 140
Himatanthus drasticus obovatus 68
Ilex dumosa 70
Inga vulpina 188
Ixora venulosa 386
Jacaranda micrantha 92

Joannesia princeps 142
Kielmeyera coriacea 102
Laplacea fruticosa 438
Lecythis pisonis 254
Leptobalanus humilis 112
Leptolobium dasycarpum 190
Leptolobium elegans 192
Libidibia ferrea var. leiostachya 194
Libidibia ferrea 196
Lophantera lactescens 264
Luehea paniculata 278
Machaerium brasiliense 198
Matayba elaegnoides 410
Metrodorea nigra
var. brevifolia 390
Miconia formosa 292
Micrandra elata 144
Microlobius foetidus 200
Mimosa caesalpiniifolia 202
Mimosa glutinosa 204
Mimosa tenuiflora 206
Monteverdia aquifolia 106
Moquilea tomentosa 114
Mouriri elliptica 294
Myrcia guianensis 332
Myrcia loranthifolia 334
Myrciaria aureana 340
Myrciaria floribunda 342
Myrcia selloi 336
Myrcia splendens 338
Nectandra lanceolata 240
Ochroma pyramidale 280
Ocotea corymbosa 242
Ocotea pulchella 244
Ocotea velutina 246
Ouratea spectabilis 354
Pachira aquatica 282
Pachira glabra 284
Parkia multijuga 208
Paubrasilia echinata 210

Persea willdenovii 248
Physocalymma scaberrimum 260
Pimenta pseudocaryophyllus var. *pseudocaryophyllus* 344
Piper aduncum 356
Piptadenia trisperma 212
Plenckia populnea 108
Pleroma raddianum 296
Poecilanthe ulei 214
Pouteria caimito 420
Pouteria glomerata var. *glabrescens* 422
Pouteria torta 424
Protium spruceanum 100
Psidium laruotteanum 346
Psidium striatulum 348
Pterodon emarginatus 216
Pterygota brasiliensis 286
Qualea dichotoma var. *dichotoma* 446
Qualea grandiflora 448
Qualea multiflora 450
Qualea multiflora subsp. *pubescens* 452
Ruprechtia exploratricis 360
Samanea tubulosa 218
Sapindus saponaria 412
Sapium glandulosum 146
Sapium haematospermum 148
Sarcomphalus joazeiro 368
Schinopsis brasiliensis 42
Schinus molle 44
Schizolobium parahyba var. *amazonicum* 220
Senegalia tenuifolia 222
Senna spectabilis 224
Senna velutina 226
Simarouba versicolor 426
Siparuna guianensis 428
Siphoneugena densiflora 350
Solanum cernuum 432
Solanum pseudoquina 434
Solanum robustum 436
Sorocea bonplandii 308

Spondias tuberosa 46
Stifftia chrysantha 84
Strychnos brasiliensis 256
Strychnos parvifolia 258
Stryphnodendron adstringens 228
Swartzia langsdorffii 230
Swietenia macrophylla 298
Tachigali multijuga 232
Talisia esculenta 414
Tapirira obtusa 48
Terminalia triflora 122
Theobroma cacao 288
Theobroma grandiflorum 290
Tocoyena formosa 388
Trichilia pallens 300
Triplaris weigeltiana 362
Vachellia farnesiana 234
Vatairea macrocarpa 236
Vernonanthura discolor 86
Vochysia tucanorum 454
Wunderlichia crulsiana 88
Xylopia emarginata 58
Xylosma tweediana 402
Zanthoxylum monogynum 392

ÍNDICE DE ESPÉCIES
nome popular

Abiu 420
Abricó-de-macaco 250
Açaí 76
Açoita-miúda 278
Aguaí 418
Amargosinha 190
Ameixa-do-mato 318
Amendoim-falso 192
Angelim-do-cerrado 236
Araçá-boi 328
Araçá-do-cerrado 346
Araçazinho 332
Araruta-do-campo 124
Araticum-do-cerrado 52
Araticum-do-mato 56
Araticum-liso 50
Aroeira-salsa 44
Aromita 234
Arranha-gato 212
Bacupari 118
Baga-de-morcego 300
Baicamim 338
Balsaminho 172
Barbatimão 228
Braúna 42
Breu 100
Cabuçu 292
Cacau 288
Caju 38
Caliandra 152
Cambarba 126
Camboatã-branco 410
Camboatã-do-morro 408
Camboim 336
Cambroé 398
Cambuci 310
Cambuí-vermelho 342
Canafístula-brava 170
Candeia-do-cerrado 80
Candeia-do-norte 82
Canela-do-mato 240
Canela-frade 238
Canela-lageado 244
Canela-pimenta 242
Canela-rosa 248
Canelão-amarelo 246
Canjiquinha 358
Caparrosa 352
Capitaí 364
Capitãozinho 122
Capitiú 428
Capuva 134
Caqui-do-mato 128
Caroba 92
Carrancudo 214
Cássia-ferrugínea 154
Cássia-grandis 156
Castanha-do-maranhão 284
Catinga-de-porco 160
Cestrum 430
Chal-chal 404
Chupa-ferro 390
Cincho 308
Cinzeiro 454
Clúsia 116
Coca 130
Cocão 132
Congoba 316

Congonha-miúda 70
Corticeira 182
Crista-de-galo 178
Croadinha 294
Cupuaçu 290
Cutieiro 142
Diadema 84
Erva-de-soldado 110
Espinheira-santa-arbórea 106
Falsa-quina 376
Faramea 380
Figueira-apuí 306
Figueira-da-pedra 304
Folha-da-serra 354
Fruta-de-ema 112
Gabiroba-velutina 312
Geisantum 366
Goiaba-mirim 348
Goiaba-serrana 330
Gonçalo-alves 40
Guamirim-brasiliense 334
Guamirim-da-folha-miúda 322
Guamirim-de-sombra 326
Guanabana 54
Guapeva 424
Guaraná 78
Guaré 104
Guatambu-de-sapo 416
Guatambu-do-cerrado 64
Guatambu-vermelho 62
Guatambuzinho 60
Ibatinga 340
Ingá-bravo 232
Ingá-rosa 188
Ipê-amarelo-liso 90
Ixora-do-mato 386
Jaborandiba 356
Jacarandá-da-bahia 168
Jatobá-mirim 186
Jenipapo-do-cerrado 388

Jeniparana 252
Joá-açu 436
Juazeiro 368
Jucá 196
Jurema 206
Juva 392
Laranjinha-de-pacu 422
Laranjinha-do-campo 258
Leiteiro-branco 144
Leiteiro-do-cerrado 68
Leiteiro-preto 148
Licurana 140
Lofantera 264
Lourinho 96
Louro-cravo 344
Louro-preto 98
Louveira 166
Mama-cadela 302
Manacá-da-serra 296
Mandioqueiro-do-campo 72
Mandioqueiro-do-cerrado 74
Mangaba 66
Mangue 120
Marmeleiro-do-campo 108
Marmelinho 374
Mentolzinho 372
Mimosa-barreiro 204
Mini-araçá 314
Mogno 298
Monguba 282
Monjolo 222
Mulungu-cascudo 184
Mulungu-do-brejo 180
Murici-gigante 262
Mutambo-algodão 274
Oiti 114
Pacova-de-macaco 230
Paineira-branca 266
Paineira-do-campo 272
Paineira-do-cerrado 270

Panaceia 432
Paricá 220
Pau-alho 200
Pau-brasil 210
Pau-de-balsa 280
Pau-de-cachimbo 36
Pau-de-espeto 396
Pau-de-leite 146
Pau-de-pilão 444
Pau-de-Santa-Rita 438
Pau-ferro 194
Pau-mulato 370
Pau-pombo 48
Pau-rei 286
Pau-rosa 260
Pau-santo 102
Pau-terra-da-mata 450
Pau-terra-de-areia 446
Pau-terra-graúdo 448
Pau-terra-miúdo 452
Pele-de-velho 360
Perdiz 426
Pêssego-do-mato 324
Pindaíba-d'água 58
Pitanga-preta 320
Pitomba 414
Pitumba 394
Pururuca 400
Quina 378
Quina-de-São-Paulo 434
Rosca 276
Saboneteiro 412
Salta-martim 256
Samaneiro 218
Sansão-do-campo 202
São-João 224
Sapucaia 254
Sapuva 198
Sarandi 136
Sena 226

Seringueira 138
Sibipiruna 158
Sombreiro 164
Sucará 402
Sucupira 216
Sucupira-preta 150
Sumaúma 268
Tachi 362
Tambuvê 176
Tarumã-grande 442
Tataré 162
Timburi-do-cerrado 174
Tucupi 208
Umbu 46
Urtiga-mansa 440
Urucum 94
Uvatinga 350
Vacum-serra 406
Vassourão-preto 86
Veludo 88
Veludo-branco 384
Veludo-vermelho 382